Der Naturgarten

Gestaltungsideen für ein grünes Paradies

BÄRBEL OFTRING

Inhalt

Grünes Paradies Naturgarten

Naturgarten = Natur + Garten. Diese einfache Formel beschreibt auf perfekte Weise den Naturgarten. Er ist Teil der hiesigen Natur und gleichzeitig ein von Menschen gestalteter Garten-Raum, ein Raum, in dem Menschen und Natur gleichermaßen zu Hause sind. Ein Naturgarten ist kein »Schmuddelgarten«, denn jede Menge heimische Tiere und Pflanzen fühlen sich auch in einer wilden Ecke oder einer Wildstrauchhecke wohl, sozusagen den Startersets eines Naturgartens. Und das ist wichtig angesichts der erschreckenden Tatsache, dass seit den 1950er-Jahren ein Drittel unserer heimischen Tier- und Pflanzenwelt verschwunden ist. Ihr Aussterben geht auf das Konto unserer Generation, die so bequem geworden ist mit all ihren technischen Möglichkeiten und gleichzeitig so weit entfernt von tief erfülltem Herzensglück.

■ **Honigbienen bestäuben beim Sammeln von süßem Nektar und eiweißreichem Pollen nebenbei die Blüten.**

Dieses Herzensglück können Sie sich zurückholen, zum Beispiel indem Sie raus in die Natur gehen, sich verbinden mit der Erde, dem Himmel, den hiesigen Naturräumen, mit den Lebewesen, die hier bei uns ihren Platz haben – und indem Sie die Natur in Ihren Garten einziehen lassen, den heimischen Pflanzen und Tieren ein Natur-Wohnzimmer geben inmitten der Siedlungsstrukturen.

Ihr Naturgarten kann und wird Teil eines natürlichen Verbindungssystems sein, das die an Siedlungen angrenzenden Naturräume miteinander verbindet wie ein Weg, wie eine Brücke. Jede einzelne Naturinsel ist wichtig, denn sie macht die Transferstraßen zwischen den Naturräumen durchgängig. Ein Beispiel: Ein Igel kann in einem Garten allein nicht satt werden. Die Männchen bewohnen bis zu 100 ha große Reviere. Sie ahnen schon, dass ein Igel jede Nacht viele Kilometer zurücklegt, und damit er das kann, müssen die Grundstücksgrenzen unten mindestens 10 cm hoch und breit offen sein.

Jeder noch so kleine Gartenteil, den Sie mit der Natur teilen, ist kostbar. Denn obwohl heutige Gärten mit einer Fläche von 1 bis 3 a rund ums Haus meist klein sind, so machen sie in ihrer Gesamtheit eine gewaltig große Fläche aus. Gartenflächen nehmen ungefähr 9300 km² ein, das entspricht 2,6 Prozent der Gesamtfläche Deutschlands. Selbst wenn nur ein kleiner Teil dieser Gartenfläche den Tieren und Pflanzen zur Verfügung steht, ist das ein riesiger Beitrag zum Naturschutz. Und die Natur kommt zu jedem von uns Menschen zurück, in Form von hübschen Schmetterlingen, brummenden Hummeln, stattlichen Baumwesen, filigranen Blüten. Erfreuen Sie sich daran!

Das wünscht Ihnen von ganzem Herzen
Bärbel Oftring

Gärtnern mit der Natur

Schöne Naturgärten gestalten

Einst war auch Ihr Garten Teil der Natur, bevor er als Feld oder als Nutzgarten, der die Grundversorgung sicherstellte, intensiv bebaut wurde. Und heute? Dürfen die heimischen Pflanzen und Tiere wieder in den Garten zurückkehren.

■ Der etwas sparrig wachsende Sanddorn *(Hippophae rhamnoides)* liefert nicht nur Vögeln, sondern auch Menschen vitaminreiche Früchte, die als »Zitronen des Nordens« gelten.

Seit Gärten nicht mehr der Aufgabe dienen, möglichst viele Nahrungsmittel zu liefern, sind sie als Ort der Entspannung und Freizeitgestaltung vielfältiger und bunter geworden. Es gibt wieder Platz im Garten für Tiere und Wildpflanzen, die früher misstrauisch als »Schädling« und »Unkraut« bekämpft wurden. Zum Glück, denn was der Natur nutzt, erfreut zutiefst den Menschen: Singende Vögel, flatternde Schmetterlinge, bunte Blütenpracht – wem geht da wohl nicht das Herz auf?

Ein Naturgarten ist der Platz zum Teilhaben, zum Teilsein, zum Teilen, für Mensch, für Pflanze, für Tier. Ein Naturgarten ist kein »Schmuddelgarten«, in dem man allem seinen Lauf lässt. Ein Naturgarten ist lebendig, bedarf der behutsamen Hand des Gärtners, die wachsen lässt, die aber auch eingreift. Ein Naturgarten ist ein Stück Paradies auf Erden, in dem Menschen, Pflanzen und Tiere harmonisch zusammenleben – und es können viele sein, die in einem Naturgarten Platz haben. Eine Biologin hat in ihrem englischen Naturgarten fast 400 Pflanzenarten, 25 Pilzarten und sage und schreibe über 2200 Tierarten entdeckt. So vielfältig kann auch Ihr Garten sein und Ihnen so viele Möglichkeiten bieten, tagtäglich Pflanzen und Tiere hautnah zu erleben und zu beobachten. Es braucht dazu gar nicht viel.

Was macht den Naturgarten aus?

Wenn Sie sich darauf besinnen, wie die Natur in ihrem großen Garten waltet, ergeben sich die Grundsätze für Ihren Naturgarten wie von selbst. Beachten Sie die folgenden Empfehlungen für die vier wichtigsten Bereiche:

Thema Boden: Verzichten Sie auf Torf. Er hat aus vielerlei Gründen im Garten nichts zu suchen. Wertschätzen Sie stattdessen einen gesunden Boden mit ausreichend Humus, Luftporen und Bodentieren als dynamische Lebensgemeinschaft. Nur auf gesundem Boden wachsen auch gesunde Pflanzen.

Thema Düngung: Verzichten Sie auf den Einsatz von mineralischen Düngern. Setzen Sie stattdessen natürliche Dünger wie Kompost im natürlichen Nährstoffkreislauf, Hornspäne und Gesteinsmehl ein. Mehr braucht es nicht, selbst für starkzehrende Pflanzen.

Thema Pflanzenschutz: Verzichten Sie auf den Einsatz von synthetischen Pflanzenschutzmitteln, verbannen Sie diese Mittel gänzlich aus dem Garten. Stattdessen wählen Sie robuste, widerstandsfähige Pflanzenarten und -sorten, setzen natürliche Pflanzenstärkungsmittel sowie mechanische Methoden ein und haben die Einstellung, Ihren Garten mit den heimischen Tieren und Pflanzen zu teilen.

Thema Pflanzenauswahl: Verzichten Sie auf hochgezüchtete Pflanzen mit sterilen Blüten ohne Pollen, Nektar und Samen sowie auf »exotische« Arten*, die Fremdkörper in unserer Natur sind. Wählen Sie stattdessen heimische Bäume, Sträucher, Stauden, Gräser, Zwiebel- und Knollenblumen sowie Sommerblumen mit fruchtbaren Blüten, die Nektar, Pollen und Samen bieten und die peu à peu die »Exoten« in einem bestehenden Garten ersetzen. Je mehr Heimisches im Garten wächst, umso mehr heimische Tiere ziehen ein und umso mehr ist er Teil der Natur.

* im Wissen darum, dass es »Exoten« gibt, die bestens in die hiesige Natur integriert sind, wie z.B. die Kupferblättrige Felsenbirne *(Amelanchier lamarckii)* oder der Sommerflieder *(Buddleja-*Arten).

■ Die großen Sonnenhüte *(Echinacea purpurea)* sind zur Blütezeit ein Magnet für Schmetterlinge, die dort gern den süßen Nektar tanken – und Menschen finden natürlich an solch blumenbuntem Platz ebenfalls Erholung pur.

Wunschort

Der Naturgarten ist ein Ort, wie ihn sich viele Menschen wünschen: Natur ist spürbar, Pflanzen und Tiere können beobachtet und erlebt werden. Der Naturgarten erfüllt die Sehnsucht nach »heiler« Natur, nach Heilung.

Die Gestaltungsidee finden

Ihr Ziel?
Vielleicht ist dies ja ein Anliegen für Sie: der kommenden Generation ein Stück gesunde Erde zu hinterlassen. Das tun Sie mit einem Naturgarten!

Die Möglichkeiten, einen Naturgarten zu gestalten, sind so vielfältig wie die Lebensräume in der Natur. Was Sie in Ihrem Garten verwirklichen, hängt natürlich ganz von Ihren Wünschen und Vorlieben sowie den dortigen Standortbedingungen ab. Die geben das mögliche Pflanzenspektrum vor, erlauben aber große Auswahl.

Wer mag hier an einem solch schattigen Plätzchen nicht gern verweilen, an einem heißen Sommertag etwa, wenn die Hitze gar zu sehr aufs Gemüt drückt?

Wenn Sie die Naturgarten-Grundsätze (siehe Seite 10/11) beachten, haben Sie darüber hinaus im Grunde genommen die freie Wahl, wie Sie Ihren Garten bzw. einzelne Gartenräume darin gestalten. Meist sind Naturgärten lebhaft gestaltet. Aber selbst streng formale Japan- oder lockere Kiesgärten sind möglich, wenn Sie zum Beispiel, verborgen hinter einer (dann) formal geschnittenen Wildsträucherhecke einen Kompostplatz mit wilder Ecke für die heimischen Tiere und Pflanzen einrichten. Bei der Pflanzenauswahl setzen Sie dann in einem solch »exotisch anmutenden« Garten auf heimische Koniferen und Wildgräser, z. B. auf Schilf oder Goldleistengras anstelle von Bambus.

Wie bei jeder Anlage eines Gartens sollten Sie sich auch im Naturgarten folgende Fragen stellen: Welche Standortbedingungen herrschen im Garten (schattig oder sonnig, feucht oder trocken, mager oder nährstoffreich, mildes Klima oder raues Klima)? Welchen Gartentyp möchten Sie? Einen Bauerngarten mit Gemüse, Kräutern und Blumen? Ein Blumenstraußbeet? Eine pflegeleichte Anlage? Vorwiegend Gehölze mit Zwischenpflanzungen? Oder wollen Sie gar ein Biotop nachahmen? Jeder Naturgarten sieht anders aus, aber er schafft mit weichen Linien und offenen Formen einen abwechslungsreichen Lebensraum für Mensch, Tier und Pflanze. Da die Natur oft die besten Gestaltungsideen hat, lassen Sie sich doch von ihr inspirieren, bei Spaziergängen und Wanderungen, über Fotos und Naturfilme. Auch im Garten wirken die Gestaltungskräfte der Natur weiter, denn manchmal ergeben sich herrliche Farbkombinationen von Blüten ganz von selbst, etwa prächtig rote Sommer-Adonisröschen zu blauem Acker-Rittersporn oder blaue Kornrade zu gelbem Ginster.

Der Genießergarten

Nach anstrengenden Arbeitstagen finden Sie im Garten einen Ort zum Entspannen und Genießen. Auf der großen Terrasse gibt es einen Sitzplatz mit Tischen und Stühlen für

Familie und Freunde. Kleinere Zweitsitzplätze warten an lauschigen Stellen auf Sie: am Teich, unter einem großen Baum (z. B. als den Stamm umlaufende Bank), an einem erhöhten Platz in abschüssigem Gelände, in einer Laube. Gehen Sie durch Ihren Garten und lassen Sie sich an verschiedenen Plätzen nieder, schauen Sie dabei in verschiedene Richtungen. So finden Sie den Ort, an dem Sie gern immer wieder mal sitzen, entspannen, Natur beobachten möchten. Dort entsteht ein kleiner Sitzplatz mit einer hölzernen Bank, einer Hängematte, einem Liegestuhl. Auch in eine Trockenmauer lässt sich ein Sitzplatz (Höhe 45 cm) integrieren. Probieren Sie aus, wo die beste Stelle ist. Filigrane Gräser, leckere Küchenkräuter, duftende Wildrosen oder bunte Wildblumenpracht in Topf und Kübel werten kleinste Ecken rasch auf. Bunte Lampions spenden abends fröhliches Licht.

Checkliste für einen Familien-Naturgarten

Diese Elemente machen einen Garten für Familien so richtig interessant:

- Terrasse mit Tischgruppe
- lauschiger Zweitsitzplatz
- Hausbaum zum Klettern
- einen zweiten Baum in dessen Reichweite für eine Hängematte
- Naschgarten
- Schwimmteich
- Küchenkräuterbeet in Küchennähe
- Abenteuerspielplatz
- Obst an der Hauswand
- Wildsträucher für Vogelbeobachtungen
- mehrere Nistkästen und Insektenhotels
- Vogelfutterstelle und Vogeltränke
- Sandbeet
- Trockenmauer mit Sitzplatz und Feuerstelle
- Rosenlaube
- duftender Kräuterrasen
- geheimnisvoller Hohlweg
- Blumenstraußbeet

Zum Genießen gehört auch der schmackhafte Genuss: Setzen Sie in Sitzplatznähe wenigstens einen Busch Ihrer Lieblingsbeeren. An der Hauswand können saftige Äpfel, Birnen und Kiwis gedeihen, feine Gartenkräuter wachsen erntebereit ebenfalls neben der Terrasse.

Auch Duft entspannt. Pflanzen Sie rund um die Sitzplätze und an den Wegen entlang duftende Blumen, Kräuter und Gehölze, die verschwenderisch ihren Duft verströmen: Diptam *(Dictamnus albus)*, Duft-Levkojen *(Matthiola incana)*, Duft-Steinrich *(Lobularia maritima)*, Duft-Veilchen *(Viola odorata)*, Engelwurz *(Angelica archangelica)*, Geißblatt *(Lonicera)*, Lavendel *(Lavandula angustifolia)*, Nachtkerze *(Oenothera)*, Nachtviole *(Hesperis matronalis)*, Ringelblume *(Calendula officinalis)*, Salbei *(Salvia*-Arten), Schwarzer Holunder *(Sambucus nigra)*, Seidelbast *(Daphne mezereum)*,

Hier wohnt im Frühling Familie Meise und erlaubt spannende Naturbeobachtungen für Jung und Alt.

Blattdufter

Blattdufter sind: Basilikum, Beifuß, Bohnenkraut, Estragon, Lavendel, Majoran, Minzen, Oregano, Rosmarin, Salbei, Storchschnabel, Thymian, Wacholder, Wermut, Ysop, Zitronenmelisse.

Möglichkeiten
Im Naturgarten wartet so viel auf Sie: Entspannung, ausruhen, aktiv sein, in die Erde greifen, Naturbeobachtungen und -entdeckungen, Bewegung bei Wind und Wetter, Erfahrung und Wissen mehren, Kontakt mit Menschen pflegen, Sinnvolles tun, Pflanzen beim Wachsen zuschauen, eingebunden sein in den natürlichen Kreislauf der Jahreszeiten.

Tipp
Schöpferisch tätig sein gehört zum Menschsein. Gestalten Sie persönliche Kunstobjekte oder Skulpturen aus Holz, Stein, Metall, Stoffen und anderen Materialien und suchen Sie dafür den besten Gartenplatz.

Sommerflieder *(Buddleja*-Arten), Thymian *(Thymus)*, Wildrosen *(Rosa)* und Zitronenmelisse *(Melissa officinalis)*, an schattigen Plätzen gedeihen Maiglöckchen *(Convallaria majalis)* und Waldmeister *(Galium odoratum)*. Vom Duft werden Schmetterlinge angelockt und Hummeln und Bienen treffen ein.

Schutz vor Einblicken

Um sich zu entspannen, ist manchmal Sichtschutz nötig – entweder vor neugierigen Blicken oder vor dem Anblick unschöner Wände und Ecken. Diesen bekommen Sie durch Wildsträucherhecken, Holz- und Weidenwände, Rank- und Klettergitter, berankte Zäune, einzeln stehende Gehölze, Kübelpflanzen, Paravents aus natürlichen Materialien oder Sonnensegel.

Lichtquellen im Naturgarten

Nachtaktive Tiere, allen voran die verschiedenen Nachtfalter, werden geradezu magisch von Licht angezogen und müssen dadurch leider oft sterben. Aber auch Vögel und Fledermäuse werden durch Licht teilweise massiv gestört. Grund genug für insektenfreundliche Lichtquellen! Das ist z. B. LED-Licht, das nur ganz wenig in dem UV-Bereich leuchtet, für den Insektenaugen empfindlich sind und das nur wenig Streulicht hat. Löschen Sie jede nächtliche Lichtquelle, die nicht benötigt wird, und vermeiden Sie Dauerbeleuchtungen im Außenbereich. Romantisches Licht verströmen Kerzen und Teelichter, auch schwimmend auf dem Wasser.

Der Schattengarten

Einen schattigen Garten gibt es in vielerlei Abstufungen, die von halb- und lichtschattig bis zu vollschattig (unter dichten Bäumen oder auf der Nordseite von Mauern) reichen. Stehen darin viele Bäume und Sträucher, so können Sie ihn mit weiß blühenden Schattenpflanzen aufhellen, etwa Bärlauch *(Allium ursinum)*, Christophskraut *(Actaea spicata)*, Maiglöckchen *(Convallaria majalis)*, Milchstern *(Ornithogalum)*, Nickendes Perlgras *(Melica nutans)*, Schnee-Marbel *(Luzula nivea)*, Süßdolde *(Myrrhis odorata)*, Weiße Taubnessel *(Lamium album)*, Wald-Engelwurz *(Angelica sylvestris)*, Wald-Geißblatt *(Lonicera periclymenum)*, Weißwurz *(Polygonatum multiflorum)* oder Doldiger Wucherblume *(Tanacetum corymbosum)*. Kombinieren Sie zu den hübschen Blüten- auch markante Blattschmuckpflanzen und filigrane Wildgräser wie Reitgras *(Calamagrostis × acutifolia)*, Rohr-Pfeifengras *(Molinia arundinacea)*, Hängende Segge *(Carex pendula)* oder Wald-Hainsimse *(Luzula sylvatica)*. Auch Farne, wie Deutscher Straußfarn *(Matteuccia struthiopteris)*, Gemeiner Wurmfarn *(Dryopteris filix-mas)*, Wald-Frauenfarn *(Athyrium filix-femina)*, sowie Knollen- und Zwiebelblumen passen gut dazu, etwa Blaue Anemone *(Anemone blana)*, Buschwindröschen *(Anemone nemorosa)*, Weißer Krokus *(Crocus albiflorus)* oder Hohler Lerchensporn *(Corydalis cava)*.

Der Sonnengarten

Ein sonniger Garten mit trockenem kargem Boden ist optimal für einen Bergblumen- oder Trockengarten (siehe Seiten 16/17). Diese Pflanzen kommen mit wenig Wasser zurecht, wollen nicht gedüngt werden und überstehen auch kalte Winter ohne Frostschutz. Bei gleichmäßig feuchten Bedingungen gedeihen an sonnigen Plätzen die schönsten Wildstauden in gemischten Rabatten. Im Hintergrund wachsen Bäume und Sträucher (Gehölzauswahl siehe ab Seite 38) entweder im Einzelstand oder als Wildstrauchhecke. Höhere Wildstauden und Gräser bilden als weitere Solitäre das Gerüst (Auswahl siehe ab Seite 44), sie setzen zwischen den niedrigen Stauden und Sommerblumen bunte Farbtupfer. Pflanzen Sie die Wildstaudenarten jeweils in kleinen Gruppen (2 bis 8 Pflanzen), stark wuchernde auch einzeln. Dazwischen setzen Sie gruppenweise Zwiebelblumen. Solange die Stauden noch recht klein sind, können Sie zusätzlich Sommerblumen aussäen (Kamille, Klatschmohn, Kornblume, Kornrade etc.).

Die Wirkung von bunten Wildstaudenrabatten können Sie durch farbig gestaltete Wände im Hintergrund verstärken. Dabei intensivieren kräftige Farben, blockweise eingesetzt, die Grüntöne der Pflanzen. Erdige Ocker-, warme Orange- und intensive Rottöne verleihen dem Garten eine warme Atmosphäre, während Blau, Lila und Rosaviolett eher kühle Distanz vermitteln. Beige, Creme und Hellgelb bringen Licht in den Garten.

Liebäugeln Sie mit einem Bauerngarten, so pflanzen Sie gemäß der Mischkultur und Fruchtfolge Gemüse und Kräuter zwischen Blumen – warum nicht auch direkt an der Terrasse? Die Beete werden von niedrigen Pflanzen umrahmt, traditionell ist das Buchs. Im Naturgarten und wegen des sich ausbreitenden Buchsbaumzünslers sind die ebenfalls kleinblättrigen, schnittverträglichen Alternativen Edel-Gamander *(Teucrium)*, Graues Heiligenkraut *(Santolina)* oder Lavendel *(Lavandula)* zu bevorzugen. Eine Holzbank und ein hölzerner Zaun, dazu hohe Stockmalven und die Blumen aus Großmutters Garten vervollkommnen das Bild eines solchen ländlichen Gartens.

Damit die Natur auch ins Haus kommt, wachsen im Blumenstraußgarten attraktive Schnittblumen, z. B. die aus Großmutters Garten: Akelei *(Aquilegia vulgaris)*, Duft-Reseden *(Reseda odorata)*, Duft-Wicken *(Lathyrus odoratus)*, Land-Nelken *(Dianthus*-Arten), Löwenmäulchen *(Antirrhinum majus)*, Katzenpfötchen *(Antennaria dioica)* und Zinnien *(Zinnia elegans)*. Und unterm Schlafzimmerfenster trägt ein Beet mit nachtduftenden Blumen wie Goldlack *(Erysimum cheiri)*, Levkoje *(Matthiola incana)*, Nachtkerze *(Oenothera*-Arten), Nachtviole *(Hesperis matronalis)* und Phlox *(Phlox*-Sorten) sowie kletterndem Geißblatt *(Lonicera*-Arten) oder Echtem Jasmin *(Jasminum officinale)* feinen Duft ins Gemach.

Wege im Naturgarten

Wege verbinden die verschiedenen Gartenräume miteinander. Sie sind unversiegelt und bestehen, je nach Belastungsgraden, aus Kies, unverfugten Natursteinen (z. B. hübsch zu Mosaiken gelegt), Holzpflaster oder gemähten Grasstreifen. Der Übergang zu den Beeten, Rabatten, zur Wiese und zum (Kräuter-)Rasen ist fließend, Wildblumen säumen den Weg. Geschwungene Linien wirken natürlich und lassen Plätze, Beete und Rabatten größer erscheinen. Außerdem verkürzen sie optisch lange Wege.

Auch Treppen ermöglichen herrliche Gestaltungen, insbesondere wenn sie zum Verweilen einladen. Gesellige Runden oder ruhige Lesestunden lassen sich auf einer Treppe verbringen, in deren offenen Fugen und Ritzen kleine Blümchen aus einer Samenmischung für Trockenrasen sprießen.

■ Ein grüner, geschwungener Rasenstreifen dient hier als Weg.

■ Blumen umsäumen die in Schrittweite verlegten Natursteinplatten.

■ Auf dem Holzweg aus halbierten Stammstücken gelangen Sie durch den Garten.

Für Pflanzen- und Tierliebhaber

Im Bergblumen-Garten gedeihen Spezialisten aus dem alpinen Raum. Im Naturerlebnis-Garten finden heimische Tiere alles vor, was ihr Herz begehrt. Richten Sie dort unbedingt einen Sitzplatz zum Genießen und Beobachten ein – Sie werden es nicht bereuen!

Kiesgärten sind in! Denn die mit Kies, Geröll und Schotter bedeckten (gemulchten) Flächen, aus denen nur wenige Pflanzen ragen, versprechen wenig Arbeit. Doch der Schein trügt, denn die Natur besiedelt natürlich auch solche Standorte – wie z.B. ein Blick auf wenig genutzte Bahngleise verrät. Rasch sprießen Wildkräuter zwischen den Steinen, die – weil nicht gewünscht – dann mit Herbiziden oder Jätarbeit vernichtet werden. Im Naturgarten ist das nicht möglich. Wenn Sie aber dennoch ein Fan solcher Steinbeete sind,

An warmen Steinen heizen Eidechsen ihren Körper auf und werden so zu flinken Insektenjägern.

Wildstauden für sonnige Trockengärten

Diese Pflanzen wachsen auch an sehr trockenen Standorten wie unter der Dachtraufe.
Genfer Günsel *(Ajuga genevensis)*, Kugel-Lauch *(Allium spaerocephalon* und andere Laucharten wie *A. flavum, A. vineale)*, Färberkamille *(Anthemis tinctoria)*, Acker-Glockenblume *(Campanula rapunculoides)*, Pfingst-Nelke *(Dianthus gratianopolitanus* und andere Nelken wie *D. arenarius, D. carthusianorum, D. deltoides, D. sylvestris)*, Natternkopf *(Echium vulgare)*, Gras-Schwertlilie *(Iris graminea)*, Gelber Lein *(Linum flavum)*, Moschus-Malve *(Malva moschata)*, Nachtkerze *(Oenothera biennis)*, Gelber Hauhechel *(Ononis natrix)*, Echte Küchenschelle *(Pulsatilla vulgaris)*, Gelbe Resede *(Reseda lutea)*, Steinbrech-Arten *(Saxifraga cotyledon, S. paniculata)*, Scharfer Mauerpfeffer und andere Fetthennen *(Sedum acre, S. album, S. rupestre, S. telephium)*, Hauswurz-Arten *(Sempervivum arachnoideum, S. montanum)*, Nelken-Leimkraut *(Silene armeria)*, Echter Gamander *(Teucrium chamaedrys)*, Alpen-Klee *(Trifolium alpinum)*, Sand-Thymian *(Thymus serpyllum* und andere Thymiane), Violette Königskerze *(Verbascum phoeniceum* und andere Königskerzen), Ähriger Ehrenpreis *(Veronica spicata = Pseudolysimachion spicatum)*

bietet sich ein Bergblumen-Garten an oder Sie wählen andere geeignete Pflanzen. Z. B. fühlen sich Alpen-Klee *(Trifolium alpinum)*, Günsel *(Ajuga reptans)*, Gelber Lein *(Linum flavum)* und Gras-Schwertlilien *(Iris graminea)* auf Kies- und Sandwegen, in den Fugen und Ritzen von verlegten Natursteinplatten oder Pflastersteinen, auf Trockenmauern und in Treppenritzen wohl.

Verwenden Sie Kalksandsteine, so können Sie auch ein natürliches und farbenfrohes Biotop mit kalkliebenden Trockenrasenpflanzen nachahmen, wie z. B. Diptam *(Dictamnus albus)*, Pfingst-Nelke *(Dianthus gratianopolitanus)* oder Steppen-Salbei *(Salvia nemorosa)*. Auch auf dem praktischen Blumen-Schotter-Rasen (siehe Seite 19) überwiegen die steinigen Anteile vor den pflanzlichen.

Der Bergblumen-Garten

Mal sind sie in Mode, dann wieder nicht: Immer jedoch gehören von der Natur inspirierte Steingärten zu den wirkungsvollen Gartenräumen, insbesondere an Hängen, steilen Böschungen oder auf heißen, trockenen Flächen. Dort könnte auch auf ganz natürliche Weise ein Steingarten entstehen: Schroffe Steinkanten und naturnah stufenweise angeordnete, unbearbeitete Natursteine (wenn möglich aus der Region)

Neben dem Sitzplatz verströmen Salbei, Thymian und andere Kräuter ihren wunderbaren fein würzigen Duft. Weiße, rote und blaue Farbtöne bringen Akelei, Mohn, Margeriten und Co. aufs Beet und sorgen für optische Abwechslung.

werden anmutig von sonnenliebenden Stauden und Kleingehölzen überwuchert, die oftmals alpinen Ursprungs sind, etwa Alpen-Johannisbeere *(Ribes alpinum)*, Ginster *(Genista-*Arten), Rosmarin-Seidelbast *(Daphne cneorum)*, Wacholder *(Juniperus-*Arten), Sand-Thymian *(Thymus serpyllum)* oder kleine Kiefern *(Pinus mugo)*. Diese Gestaltung des Beetes in hintereinanderliegenden Stein- und Blumenzeilen lässt den Raum tiefer erscheinen, als er ist. Es erinnert an die hintereinanderliegenden Hügel- und Bergketten in der freien Natur.

Achten Sie darauf, dass die Pflanzen zu den Gesteinen passen: Kalkliebende Pflanzen gedeihen auf Kalkstein, Marmor, Kalktuff und Dolomit (mit leicht alkalischem pH-Wert). Kalkmeidende Pflanzen wachsen auf Granit, Gneis und Basalt

■ **Die gelben Blüten des Ginsters strahlen mit der Sonne um die Wette, er steht gern sonnig und trocken.**

(mit leicht saurem pH-Wert), neutrale Gesteine sind Schiefer und Sandstein.

Die richtige Kombination

- Auf Kalksteinen wachsen z. B.: Alpen-Aster *(Aster alpinus)*, Alpen-Aurikel *(Primula auricula)*, Alpen-Leinkraut *(Linaria alpina)*, Weißer Alpen-Mohn *(Papaver alpinum)*, Bewimperte Alpenrose *(Rhododendron hirsutum)*, Berg-Aster *(Aster amellus)*, Berg-Flockenblume *(Centaurea montana)*, Seidelbast *(Daphne-*Arten), Silberwurz *(Dryas octopetala)*, Stein-Nelke *(Dianthus sylvestris)*, Stängelloses Leimkraut *(Silene acaulis)*.
- Auf Granit und Gneis wachsen: Rostrote Alpenrose *(Rhododendron ferrugineum)*, Alpen-Waldrebe *(Clematis alpina)*, Bach-Steinbrech *(Saxifraga aizoides)*, Berg-Hauswurz *(Sempervivum montanum)*, Gold-Fingerkraut *(Potentilla aurea)*, Perücken-Flockenblume *(Centaurea pseudophrygia)*, Pyramiden-Günsel *(Ajuga pyramidalis)*, Spinnweben-Hauswurz *(Sempervivum arachnoideum)*.
- Auf Sandsteinen wachsen: Alpen-Mannstreu *(Eryngium alpinum)*, Alpen-Heckenrose *(Rosa pendulina)*, Alpen-Wundklee *(Anthyllis vulneraria)*, Berg-Kälberkropf *(Chaerophyllum hirsutum)*, Feuer-Lilie *(Lilium bulbiferum)*, Gold-Pippau *(Crepis aurea)*, Hohe Schlüsselblume *(Primula elatior)*, Roter Steinbrech *(Saxifraga oppositifolia)*.

Der Naturerlebnis-Garten

Tiere sind in diesem Gartenraum – auch wilde Ecke genannt – ganz besonders willkommen. In diesem Tierparadies gibt es alles, was die heimische Tierwelt so richtig freut. Igel und Eidechse, Kröte und Blindschleiche, Fledermäuse und Siebenschläfer, Vögel, Insekten und Spinnen – sie alle finden im Naturerlebnis-Garten einen Platz. Erkundigen Sie sich beim örtlichen Naturschutzverband, welche Tiere rund um Ihr Zuhause heimisch sind oder sein könnten. Dann können Sie genau planen, welche Strukturen und Pflanzen Sie anlegen möchten, um die arttypischen Lebensbedürfnisse dieser Lebewesen im Naturgarten zu erfüllen. Sie könnten z. B. bestimmte Verstecke schaffen, Futterpflanzen setzen, bestimmte Bienentrachtpflanzen aussäen oder Stein- und Totholzhaufen aufschichten (siehe dazu ab Seite 84).

Lebensraum Naturstein- und Trockenmauer

Überall, wo hangiges Gelände ansteht, Terrassen oder Höhenzonierungen vorhanden sind, wie z. B. um eine Kräuterspirale (siehe Seite 119) oder um ein höher gelegtes Beet, bieten sich Trockenmauern an. In den zahllosen Lücken und Ritzen zwischen den Steinen finden z. B. Zauneidechsen einen sonnigen warmen Lebensraum. Bei der einseitigen Trockenmauer ist die Vorderseite sichtbar, während die Hinterseite einen Hang abstützt, eine Treppe, einen Anstieg oder einen Weg rahmt. Tut sie dies rechts und links des Weges, so entsteht ein reizvoller Hohlweg, der bestens zu einem abschüssigen Grundstück passt. Bei der zweiseitigen Trockenmauer sind beide Seiten sichtbar. Diese Trockenmauer kann den Garten in Räume teilen, einen Weg begleiten, einen Kompost- oder Sitzplatz umgeben. Am mindestens 20 cm breiten Mauerfuß, in den unverfugten, offenen Ritzen und auf der Mauerkrone wachsen Pflanzen, denen dieser Standort zusagt (siehe Seite 49), oder Blumen aus einer Trockenrasen-Samenmischung.

Ein besonderer Anziehungspunkt wird aus der Trockenmauer, wenn Sie in der Nähe eine Feuerstelle errichten. Dann bildet die Mauer einen natürlichen Windschutz und erhöht das Gefühl von Geborgensein, wenn man nächtens am Feuer sitzt. Eine Trockenmauer kann auch Grundlage einer Treppe aus Natursteinen sein, sofern sie nicht zu oft betreten wird.

Eine einfache, kostengünstige Alternative zur zweiseitigen Trockenmauer wäre ein Haufen oder Hügel aus Natursteinen und sauberem Bauschutt mit vielen Lücken für Tiere und Pflanzenspezialisten (Schuttpflanzen). Damit die sonnig trockenen Standortbedingungen langfristig erhalten bleiben, sollten Sie die Pflanzen immer mal wieder entfernen.

Alternativen für Rasenflächen

Wenn es einigermaßen trittfest sein soll, so legen Sie statt eines eintönigen Zierrasens einen Kräuterrasen an. Dort, wo gespielt werden soll, mähen Sie den Rasen, an den anderen Stellen lassen Sie ihn hoch wachsen mit nur zwei Mähterminen im Jahr. Lassen Sie Raseninseln stehen oder mähen Sie Wege in die Rasenfläche hinein, die Natur dankt es Ihnen.

Ebenfalls trittfest und sogar befahrbar ist ein Blumen-Schotter-Rasen (Wildblumenmischung mit rasenbildenden Gräsern, Heide-Nelke, Sand-Thymian, Sonnenröschen), der auch auf Autostellplätzen, Zufahrten und Hofflächen möglich ist.

Die Rasenränder und wenig genutzten Stellen gestalten Sie zu einer (nicht begehbaren) Blumenwiese um (siehe Seite 64). Daher sollte ein angelegter Weg durch die Blumenwiese führen, einzelne Trittplatten im Schrittabstand reichen. Ganz natürlich sieht z. B. eine Blumenwiese als Übergang von einer Rasenfläche zu einer Gehölzgruppe aus. Mähen Sie diese nicht auf einmal, sondern im Ein- bis Zwei-Wochen-Rhythmus stets nur einen Teil der Fläche – so ist es für die Tiere am schonendsten.

Tipp

Der Rasenmäher im Naturgarten ist ein Mulchrasenmäher ohne Fangkorb – am besten im mechanischen Handbetrieb –, bei dem das fein geschnittene Mähgut auf der Fläche liegen bleibt.

■ Mit ihrem geheimnisvollen Nachtduft locken Nachtviolen Nachtfalter an, die ihrerseits wiederum Fledermäuse anziehen. So wird der Abend lebendig.

Naturgarten in der Vertikalen

Tipp
Wenn Sie eine Wildsträucherhecke als Grenzgestaltung wünschen, sprechen Sie sich mit Ihrem Nachbarn ab: Falls er dieselben Pläne hat, können Sie gemeinsam eine pflanzen.

Damit die Wildblumen in Beeten und Rabatten, auf Blumenwiesen und rund um den Sitzplatz gut wirken, bedarf es auch einer angemessenen Raumstruktur, z. B. durch Bäume und Sträucher. Sie strukturieren den Garten in der Vertikalen.

■ Nach altem Volksglauben hält der Holunder böse Energien von Haus und Hof fern.

Früher wurde zur Geburt eines Kindes ein Baum gepflanzt. Diese Tradition können Sie in Ihrem Garten wieder aufleben lassen. Selbst im kleinen Garten hat ein Wildapfel Platz, bei noch mehr Raum kann es auch eine kleinkronige Wildbirne, Vogelbeere, Vogelkirsche oder ein Feldahorn sein (Auswahl siehe Seite 22). Auch Schwarzer Holunder und Quitte können baumartig wachsen. Da Gehölze sehr langlebig sind, wählen Sie eine heimische Baumart aus Ihrer Umgebung. Beachten Sie dabei auch die Wuchshöhe und Baumkronenbreite, die der Baum in zehn oder 20 Jahren einnehmen wird, sowie die gesetzlich geregelten Grenzabstände, die regional unterschiedlich ausfallen.

Beeindruckende Solitäre

Bäume erzielen die beste Wirkung im Einzelstand. Sie spenden als Hausbaum Schatten, etwa einer bequemen Sitzbank oder auch dem Kompostplatz (z. B. Schwarzer Holunder). Im Duo dienen sie mit ca. 4 m Abstand gepflanzt einer Hängematte als Aufhängung. Größere Exemplare laden zum Klettern oder zum Bau eines Baumhauses ein (stabil muss der Baum dazu sein), wieder andere liefern leckere Früchte für Mensch und Tier.

Im Vorgarten kann ein Baum schützende Funktionen übernehmen oder aber ungünstige Energien auffangen, die etwa von einer Straßenkreuzung auf das Grundstück prallen. Im Eingangsbereich macht sich auch ein mit Kletterpflanzen oder Wildrosen umrankter Torbogen gut, der Gäste willkommen heißt.

In Gruppen

Bäume und Sträucher ergeben auch herrliche Hintergrundkulissen für bunte Wildstaudenbeete. Als freiwachsende Hecke bilden Wildsträucher (siehe Seite 40) noch viel mehr als in Form geschnitten eine grüne, vor ungewollten Einblicken schützende »Wand«, die als Begrenzung zu Gehsteig und Nachbargrundstück dienen kann. Gehölze vermögen aber auch verschiedene Gartenräume voneinander abzugrenzen und den Garten in einzelne Räume zu strukturieren. Eine Wildstrauchhecke ist eine Alternative zum Gartenzaun und macht sich gut rund um die wilde Ecke oder den Kompostplatz oder sie begleitet einen Weg. Auch im Winter sieht sie immer richtig gut aus. Gegeneinander versetzt entlang einem Weg platziert, machen hohe Wildsträucher oder eine hohe Formschnitthecke neugierig auf das, was sich dahinter verbergen mag.

Wildsträucher passen auch in den kleinen Garten, denn es muss ja nicht unbedingt ein Schwarzer Holunder oder ein mächtiger Weißdorn sein. Im kleinen Garten ziert ein markanter, höchstens 1,5 m hoch werdender Wildstrauchsolitär, wie beispielsweise ein Kopf-Ginster *(Chamaecytisus supinus)* oder Geißklee *(Cytisus*-Arten) oder eine Wildrose *(Rosa)*, etwa Bibernell- *(R. spinosissima)*, Essig- *(R. gallica)*, Filz- *(R. tomentosa)* oder Zimt-Rose *(R. majalis)*, eine ganz besondere Ecke. Auch ein Sommerflieder *(Buddleja*-Arten) ist ein Anziehungspunkt trotz »exotischer« Herkunft.

Attraktiv – etwa vor unschönen Wänden oder als strukturgebende Einheit – sind Buschgruppen aus mehreren Wildstraucharten mit hübschen Blüten und attraktiven Früchten. Den größten Strauch pflanzen Sie in die Mitte, kleinere rechts und links davon und davor.

Von Lauben und Pergolen

Eine Laube ist ein »aus Laub geschaffenes Schutzdach« und besitzt keine festen Wände, sondern besteht aus schnittverträglichen Gehölzen wie Weiden, Buchen, Hainbuchen, die bis zur Standfestigkeit an einem Gerüst hochgeleitet werden. Die Pergola dagegen umgibt ein festes bauliches Gerüst aus Holz, Stahl oder Stein, das kletternden oder rankenden Pflanzen als Kletter-/Rankhilfe dient. Beide bieten hübsche Gestaltungsmöglichkeiten. Laube und Pergola spenden Ihnen an heißen Sommertagen kühlen Schatten, sie sind herrliche Rückzugsräume zum Entspannen oder geheimnisvolle Spielplätze für Kinder.

Grün an der Fassade

Kletterpflanzen verwandeln eine eintönig steinerne Hauswand, auf der sich höchstens Weberknechte wohlfühlen, in eine belebte Tapete, in der unzählige Tiere das ganze Jahr über eine Bleibe und Vögel Nist- und Versteckplätze finden. Efeu bietet den Tieren sogar Nahrung (Pollen, Beeren) zu Spätherbst- und Winterzeiten, in denen andere Futterquellen versiegen oder rar sind.

Wenn Sie keine Kletter- oder Rankgerüste an die Hauswand montieren möchten, können Sie selbstklimmende Gehölze wie Efeu (*Hedera helix*, heimisch, blüht im Herbst, fruchtet

Zäune

Auch am Zaun hört der Naturgarten nicht auf. Damit Igel ungehindert von Garten zu Garten gelangen, lassen Sie unten mindestens 10 cm offen oder gewähren mindestens 10 cm breite Durchlässe.

Blütenpracht und Früchtesegen verspricht ein Apfelspalier an der Hauswand.

Wildsträucher für Formschnitthecken

Pflanze	auffällige Blüten	essbare Früchte	Gestaltungsaspekte
Feld-Ahorn *(Acer campestre)*	–	–	schön auch als Solitär
Kornelkirsche *(Cornus mas)*	+	+	Vorfrühlingsblüher
Roter Hartriegel *(Cornus sanguinea)*	+	–	schmückende Rinde
Weißdorn *(Crataegus*-Arten)	+	+	Vogelschutzgehölz
Gemeiner Liguster *(Ligustrum vulgare)*	+	–	Sicht- und Windschutz
Blaue/Rote Heckenkirsche *(Lonicera caerulea / L. xylosteum)*	+	–	auch zur Hangbefestigung, Früchte giftig
Alpen-Johannisbeere *(Ribes alpinum)*	–	+ (fad)	auch für Flächenbegrünung
Kartoffel-Rose *(Rosa rugosa)* / Wein-Rose *(R. rubiginosa)*	++	+	schön auch als Solitär
Gemeine Eibe *(Taxus baccata)*	–	–	immergrün, sehr giftig
Wolliger Schneeball *(Viburnum lantana)*	+	–	einzeln oder in Gruppen

■ Von einer üppigen Blütendecke überwachsen ist dieser Schuppen und bietet noch genug Platz für Insektenhotels und Vogelnistmöglichkeiten.

im Winter) und Wilden Wein (*Parthenocissus*-Arten, wachsen sehr schnell, haften auch an Glasfassaden) wählen – Voraussetzung: Das Mauerwerk ist in Ordnung! Beide Gehölze halten sich dank Haftwurzeln selbst am intakten Mauerwerk fest ohne es zu zerstören.

Sehr feuchte Mauern, dünne Putze, vorgehängte (Wärmeschutz-)Fassaden und ähnliche Wände begrünen Sie besser mittels eines stabilen, fest im Mauerwerk verankerten Klettergerüsts, das von Brombeeren, Geißblatt, Hopfen, Rosen oder Waldrebe berankt wird. Fallrohre, Fenster, Lüftungsöffnungen, Regenrinnen und Rollladenkästen sollten Sie von Bewuchs frei halten.

Auch »hässliche« Wände und Mauern können Sie mit Kletterpflanzen verschönern. Mittels eines frei aufgestellten Klettergerüsts (stabil) kann man einen Kompost- oder Mülltonnenplatz verstecken oder eine Pergola in ein lebendiges, dreidimensionales Plätzchen verwandeln.

Noch mehr Kletterpflanzen

Nicht nur ausdauernde Klettergehölze bieten sich für grüne Wände an, die Lebensraum sind für Bienen, Fliegen, Wespen, Käfer und Schmetterlinge. Unter den einjährigen Sommerblumen und den Stauden gibt es auch etliche Klimmer und Kletterer für die Hauswand. Dazu zählen beispielsweise Rote Zaunrübe (*Bryonia dioica*, giftig), Breitblättrige Platterbse *(Lathyrus latifolius)*, Bittersüßer Nachtschatten (*Solanum dulcamara*, giftig), Färberkrapp *(Rubia tinctorum)* oder Schmerwurz *(Tamus communis)*.

Zum Naschen frisch von der Wand eignet sich Spalierobst, das es von fast allen Baumobstarten gibt – von Äpfeln, Aprikosen, Birnen, Sauer- und Süßkirschen, Pfirsichen und Pflaumen. Wie für fast alle Klettergehölze benötigt Spalierobst ein Klettergerüst, das so sein sollte:

- stabil, dauerhaft, tragfähig
- angepasst an die Ansprüche der Kletterpflanze hinsichtlich Dimension, Höhe, Gewicht, Abstände der Latten
- verankert mit ausreichend Abstand an der Wand
- aus heimischen Harthölzern wie Kastanie oder Robinie (verzichten Sie auf Hölzer, die mit Imprägnierungsmitteln behandelt wurden)

Grün auf dem Dach

Werfen Sie einen Blick auf die Dächer von Ihrem Haus: Garage, Carport, Gartenhaus. Dort können Sie durch eine Begrünung bunte, lebendige Naturflächen schaffen. Heute wählt man meist eine Extensivbegrünung mit Substratschichtdicken unter 25 cm. Natürlich muss die Statik des Bauwerks das Gewicht tragen können, immerhin ca. 10 kg/m² für jeden cm Substrathöhe. Wenn das der Fall ist und die Dachneigung 45 Grad nicht übersteigt, steht einem Naturgarten auf dem Dach nichts mehr im Weg.

Die Substratdicke bestimmt die Pflanzenauswahl und -vielfalt. So können auf einem Dach Dutzende von Pflanzenarten gedeihen, die wiederum entsprechende Tiere anlocken. Ab einer Substrathöhe von 10 bis 15 cm wachsen dort sogar höhere Wildblumen und Wildgräser. Allerdings ist das Leben auf dem Dach oft ein hartes, zählt es doch zu den extremsten heimischen Lebensräumen: Dort herrschen im Jahreslauf extreme Trockenheit, tropische Hitze und arktische Kälte und sintflutartige Regengüsse können fallen. Daher fühlen sich auf Dächern oftmals Pflanzen der heimischen Trockenrasengesellschaften (Hauswurz-Arten, Mauerpfeffer, Habichtskräuter, Dach-Pippau, Thymian, Rispengras) wohl, die zunehmend aus unserer Landschaft verschwinden und vielleicht auf Ihrem Dach eine neue Heimat finden.

Noch mehr Gestaltungsvielfalt erhalten Sie, wenn Sie aus dem Dachuntergrund »Hügel« und »Täler« formen, Holz, Wurzeln, Natursteine oder selbst gemachte Kunstwerke in die Gestaltung einfließen lassen.

Pflanzen für Naturdächer

Braunelle, Färberkamille, Fetthennen, Flockenblume, Frühlings-Fingerkraut, Habichtskraut, Karthäuser-Nelke, Katzenpfötchen, Königskerze, Schafgarbe, Thymian, Veronica, Wiesenknopf, Wiesen-Margerite sowie verschiedene Gräser (Blaugrüne Segge, Platthalmrispe und Schafschwingel) eignen sich für die extensive Dachbegrünung.

Ausdauernde Kletterpflanzen für Wände

Pflanze	Standort/Kletterhilfe	Pflege
Brombeere *(Rubus sect. Rubus)*	☼ – ◑, Rankhilfe nötig	pflegeleicht, regelmäßiger Rückschnitt
Efeu *(Hedera helix)*	☼ – ●, keine Kletterhilfe nicht für rissige Wände	pflegeleicht, kein Rückschnitt, Korrekturschnitt bei Bedarf
Geißblatt, Jelängerjelieber *(Lonicera caprifolium)*	☼ – ◑, windgeschützt, Kletterhilfe nötig	pflegeleicht, gleichmäßig feucht halten, bei Bedarf auslichten
Hopfen *(Humulus lupulus)*	◑, Kletterhilfe nötig	pflegeleicht, regelmäßig auslichten
Kletterrosen *(Rosa)*	☼ – ◑, Kletterhilfe nötig	gleichmäßig feucht halten, regelmäßig auslichten
Waldrebe *(Clematis vitalba)*	☼ – ◑, Kletterhilfe nötig, schwach wachsend	pflegeleicht, gleichmäßig feucht halten, gelegentlich auslichten
Wilder Wein *(Parthenocissus quinquefolia)*	☼ – ◑, keine Kletterhilfe	pflegeleicht, gelegentlich auslichten, verträgt kräftigen Rückschnitt

☼ = sonnig, ◑ = halbschattig, ● = schattig

■ Nicht nur das Hausdach bietet Platz für eine Dachbegrünung. Selbst die Dachfläche dieses Unterstands gewährt genügsamen Pflanzen ausreichend Lebensraum.

Lebendiges Wasser im Garten

Tipp
Wichtig: In jeden Garten gehört eine flache Vogeltränke!

Dekorativ, vital, erholsam – das sind drei der unzähligen Gründe, die für das Gartenelement Wasser sprechen, sei es als klassischer Gartenteich, Bachlauf oder Wasserspiel.

Attraktive heimische Schwimm- und Sumpfpflanzen gedeihen im naturnahen Wassergarten und locken neben durstigen Vögeln zahlreiche Tiere an, deren Leben an Gewässer gebunden ist. Wasserläufer und Libellen wie z. B. die Blaugrüne Mosaikjungfer gehören ebenso dazu wie Molche und Kröten – die allerdings nur zuwandern, wenn Ihr Wassergarten in deren Wanderbereich liegt. Das ist im ländlichen Raum eher der Fall als in Innenstädten. So kann Ihr Gartenteich ein wertvolles Ersatzbiotop für die zahllosen natürlichen Tümpel und Weiher sein, die in den vergangenen Jahrzehnten zugeschüttet wurden. Übrigens ist der Begriff Biotop kein Synonym für Gartenteich, sondern bedeutet ganz allgemein Lebensraum.

■ Attraktiv ist ein Naturteich, der an einen Sitzplatz oder eine Terrasse grenzt, denn Wasserflächen wirken besonders beruhigend und erholsam.

Garten- und Schwimmteich

Mit heutigen Materialien können Sie mit Leichtigkeit einen Folienteich bauen. Bei Größe, Form und Tiefe haben Sie (fast) jeglichen Gestaltungsfreiraum. Ein großzügig dimensionierter Schwimmteich sollte 2 m tief sein. Planen Sie einen ausreichend großen Teich mit sanft abfallenden Ufern, der allerdings nicht mehr als ein Drittel der Gartenfläche einnehmen sollte. Weil sich natürliche Gewässer stets an den tiefsten Stellen im Gelände bilden, sollten Sie auch diesen Platz für Ihren Gartenteich wählen, zumindest optisch gesehen. Der Teich muss nicht unbedingt in der Sonne liegen; für einen schattigen Wassergarten wählen Sie besser Wasser-, Sumpf- und Uferpflanzen hiesiger Waldtümpel aus, sogar Seerosen kommen mit diesem Standort zurecht.

Große Bäume und Sträucher halten Sie besser fern vom Gartenteich, während eine kleine Weide (z. B. Ohrweide, *Salix aurita*) nasse Füße verträgt. Im Hintergrund des Teichs wachsen hohe Stauden, im Vordergrund eher niedrige. Als Substrat im Teich wählen Sie nährstoffarmen Kies oder Sand. Lassen Sie einen Uferbereich gänzlich frei für Vögel, Schmetterlinge und andere Tiere, ein paar größere Steine ragen im Uferbereich aus dem flachen Wasser heraus. Sie dienen als Ein- und Ausstiegsstelle für Frösche und andere Teichgäste, auch für solche, die versehentlich ins Wasser gefallen sind. Außerdem sollte der Teich einen Steg zum Beobachten und Ausruhen sowie einen Flachwasserbereich haben, an dem die Kinder spielen können.

Wassergartenpflanzen

- »Wasserrosen«: Weiße Seerose, Teichrose
- Unterwasserpflanzen, sonnig bis halbschattig: Raues Hornblatt, Laichkraut, Wasser-Hahnenfuß, Wasserschlauch
- Sumpf- und Uferpflanzen: Froschlöffel, Schwanenblume, Sumpf-Dotterblume, Sumpf-Schwertlilie, Wasser-Minze, Fieberklee, Pfeilkraut
- Hohe Pflanzen für den Hintergrund: Wasserdost, Mädesüß, Blut-Weiderich, Schilf
- Polsterpflanzen, die den Teichrand bedecken: Pfennigkraut, Bachbunge

Sumpfbeet und Feuchtwiese

Wenn kleine Kinder in der Familie sind, stellen Sumpfbeet oder Feuchtwiese mit sehr flachen offenen Wasserstellen Alternativen dar. Auch in einem solchen Flachgewässer gedeihen viele Sumpf- und Uferpflanzen.

Wasserspiele en miniature

Nur mit viel Technik und permanentem Energieeinsatz ist ein Bachlauf zu bewerkstelligen, der zwar ein beruhigendes Plätschern zu bieten hat, aber zu welch hohem Preis! Günstiger und ökologisch ratsamer sind kleinere Wasserspiele, ein kleiner Quellstein etwa, ein fließender Brunnen, eine Wasserwand, eine Stufe im Gartenteich, über die das Wasser mit Sauerstoff angereichert ins Becken plätschert.

Selbst auf Balkon und Terrasse müssen Sie auf Wasser nicht verzichten. Dort bieten sich Miniteich oder Sumpfbeet in einer ausrangierten Fasshälfte an, die rustikalen Charme versprüht. In einem glasierten Tonkübel kann man einen eleganten oder in einer Mörtelwanne einen einfachen Wassergarten realisieren, den Sie z. B. mit Schilfmatten oder vielen Topfpflanzen umgeben können. Füllen Sie den Behälter mit Regenwasser und geben Sie 1 bis 2 l Tümpelwasser aus der Umgebung hinzu.

Ein Moorbeet ist ein ganz spezieller Wassergarten mit Pflanzenspezialisten, zu denen auch das Wollgras (*Eriophorum*-Arten) und das Sumpfblutauge *(Potentilla palustris)* gehören.

Kinder lieben Naturgärten

Tipp
Schaukeln macht vielen Kindern Freude. Hängen Sie stabil ein dickes Seil mit Knoten ins Geäst, an dem die Kinder turnen und schaukeln können. Eine richtige Schaukel (mit Kugellageraufhängung) wird unter den Balkon gehängt.

Dort gibt es so viel zu entdecken und dazu noch jede Menge Material und Raum für Abenteuer, Erlebnisse und Werkeleien.

Kaum ein Garten ist so interessant für Kinder wie ein Naturgarten. Dort können sie auf Bäume klettern, sich zwischen Büschen verstecken, mit Naturmaterialien Kleines und Großes bauen und Tiere beobachten. Verzichten Sie auf Spielgeräte aus dem Baumarkt, die ohnehin rasch langweilig werden, und funktionieren Sie stattdessen einen Teil des Gartens zum Abenteuerplatz um. Das kann auch der Vorgarten sein, denn so viel Spielplatz muss es angesichts kleiner Grundstücke gar nicht sein. Hauptsache ist, den Kindern stehen dort natürliche Materialien wie Holz, Steine, Sand, Mosaikfliesen etc. zur Verfügung und sie können dort tun und lassen, was sie wollen. Beziehen Sie Ihre Kinder am besten schon in die Planung und Gestaltung des Gartens mit ein. Bieten Sie viele kreative, abwechslungsreiche Spielmöglichkeiten, in denen die Kinder heute Piraten, morgen Zauberer und Elfen und übermorgen Naturforscher sein können. Kinder werden rasch groß und dort, wo sie heute toben, kann morgen ein Gartenteich oder ein Bauerngarten entstehen.

Stabile Äste laden zum Klettern ein: Von dort oben ist die Welt noch schöner – und ganz nebenbei wird der Körper kräftig und der Mut stark. Haben Sie Vertrauen, dass Kinder ihre Grenzen sehr gut einschätzen können, wenn wir sie lassen.

Das wollen Kinder im Garten

- auf Bäume klettern
- ein Baumhaus bauen
- Fußballtore
- Lagerfeuer
- einen Naschgarten mit Beeren und anderem Obst
- einen Rutschhang mit Rampe und Seilaufstieg
- einen Seilpfad zum Balancieren (z.B. mit dicken Tauen oder Slackline)
- ein Tipi aus Weidenruten (siehe Seite 85)
- mit Wasser, Matsch und Sand spielen
- einen Werkplatz mit Holz, Hammer, Nägeln und Säge

Spielprojekt Bäume

Mit einem stattlichen Hausbaum, der stabile Äste zum Klettern besitzt, erfüllen Sie schon einen der ganz großen Kinderwünsche an den Garten. Versteckt zwischen den Blättern wird die Baumkrone zum geheimen Platz, zu dem die Erwachsenen keinen Zugang haben. Vielleicht tragen die Äste ja auch eine kleine Holzplattform oder gar ein Baumhaus. Das kann mangels Baum oder bei zu schwachen Ästen auch auf dem Gartenhaus (Statik prüfen!) oder Garagendach errichtet werden, eine Leiter führt dann hinauf. Stellen Sie den Kindern Bambusstecken, abgeschnittene Äste und Zweige sowie lange Weidenruten zur Verfügung, mit denen sie rund um den Baumstamm angelehnt oder in eine passende Gartenecke ein Versteck, eine Ritterburg, ein Piratennest, ein Elfenlager bauen können.

Wasser, Erde, Feuer, Luft

Im Naturgarten bekommen Kinder auf spielerische Weise Kontakt mit den Elementen.

Wasser steht, je nach Alter der Kinder, in einer Gießkanne, einer Handpumpe oder in anderer Form zur Verfügung, denn mit ihm kann man herrlich spielen. Schon eine kleine

■ **Ein kontrolliertes Lagerfeuer zieht magisch an. Entfachen Sie öfter ein Feuer mit den Kindern und lehren Sie sie, das Feuer zu hüten.**

Tipp
In Schieferregionen passt ein Bodenbelag aus dunklen Schiefersteinen, auf denen die Kinder mit Straßenkreide malen können.

Pfütze eröffnet weite Spielräume. Aus Rindenstücken und anderem Naturmaterial oder Plastikabfällen aus Küche und Haushalt entstehen Boote, die auf dem Wasser treiben.

Wasser und **Erde** und Sand ergeben Matsch – ein vielfältiges Baumaterial für Burgen, Hügel, Tunnelsysteme und ganze Spiellandschaften. Ein Sandplatz oder ein aufgeschütteter Hügel ist Pflicht und erlebnisreicher als jedes vorgefertigte Spielgerät.

Feuer fasziniert Jung und Alt, bedarf aber, einmal entfacht, der ständigen Kontrolle. Darum gibt es im Naturgarten eine Feuerstelle (offener Boden und eine Fassung aus großen Steinen), an der die Großen ein Feuer entzünden. Die Kleinen lernen dabei schon den Umgang, denn auch sie sind ja bald groß. Rauchfrei brennt ein Feuer, wenn Sie ein Feuerbett aus Papier, kleinen Holzstücken, Kiefernzapfen und ähnlich gut brennbarem Material errichten und darüber erst kleine, dann größere, trockene Holzscheite wie zu einem Tipi aufstellen. Aus langen Ruten, deren Ende angespitzt wird, entstehen Werkzeuge zum Grillen von Würsten, Marshmallows und Stockbrot. Zum Schluss wird das Feuer sorgfältig mit Wasser oder Sand gelöscht.

Luft umgibt unseren Körper, wir brauchen sie zum Atmen. Stehen Bäume und Sträucher im Garten, so filtern sie Staub, Schadstoffe und andere kleine Partikel aus der Luft heraus. Zudem dienen Gehölze auch dem Lärmschutz: Sollte eine stärker befahrene Straße an Ihrem Grundstück vorbeiführen, so pflanzen Sie dort einen mehrere Meter breiten Streifen aus Wildsträuchern. Mit Windspielen, Windsäcken und anderem Gerät können Sie mit den Kindern das Wetter beobachten:

Der Oma beim Pflanzen zur Hand gehen, gefällt vielen Kindern. Auch wenn es vielleicht länger dauert oder nicht so perfekt ist wie von Ihrer Hand, so lassen Sie die Kinder von Anfang an ganz selbstverständlich mitgärtnern.

Woher weht heute wohl der Wind? Hübsch macht sich auch ein Wetterhahn auf dem (Vor-)Dach. Ein Regenmesser dokumentiert den Niederschlag und eine Sonnenuhr an Haus- oder Gartenhauswand verrät an sonnigen Tagen die Uhrzeit.

Spielprojekt Sandplatz

Anstelle des üblichen Sandkastens gibt es im Naturgarten ein Sandbeet. Dazu füllen Sie mehrere Kubikmeter Sand in ein in den Boden gegrabenes Loch (in dem Sie später einen Gartenteich anlegen können) oder schütten den Sand zu einem großen Haufen auf. Wildsträucher spenden Schatten, große Steine und Hölzer regen als Kulissen fantasievolle Spiele an.

Sparen Sie einen Teil der Terrasse aus und verlegen Sie dort keinen Naturstein- oder Holzbelag. Stattdessen verfüllen Sie das Loch mindestens 50 cm hoch mit Spielplatzsand. So haben die Kleinen direkt an der Terrasse einen Spielplatz, der später zugepflastert wird und die Sitzplatzfläche vergrößert.

Legen Sie auch unter der Dachtraufe offene Sandstellen an, denn unter diesem regengeschützten Dachjuchhe finden Ameisenlöwen eine Bleibe.

Spielprojekt Naschgarten

Im eigenen Naschgarten fühlen, sehen, begreifen und schmecken Kinder, welch wunderbar leckere Früchte die Pflanzen einfach so aus sich heraus entwickeln. Durch das Beobachten und Tun erleben die Kinder hautnah, wie Pflanzen sprießen, wachsen und gedeihen. Sie werden eingebunden in den natürlichen Kreislauf des Lebens mit Säen, Wachsen, Blühen, Fruchten, Ernten und Ruhen. Sie erleben tagtäglich die Jahreszeiten, nehmen wahr, wenn nach langem Winter endlich wieder die Vögel singen, riechen den Sommer und spüren den Herbstwind, der die Blätter von den Bäumen treibt.

Im Naschgarten wachsen Cocktailtomaten, Erdbeeren, Himbeeren, Johannisbeeren, Haselnuss und all die anderen

Ein Abenteuerspielplatz

Wenn es in Ihrer Umgebung Neubaugrundstücke oder Baulücken gibt, so sprechen Sie doch mit den Grundstückseigentümern und den Bauherren, ob die Kinder einen Aushubberg oder eine brachliegende Fläche für einen bestimmten Zeitraum als Spielfläche nutzen dürfen. Früher hätten Kinder dort ganz selbstverständlich gespielt, heute ist das wegen möglicher Haftungsklagen nicht mehr der Fall – wie schade! All die Erlebnisse, die die heute erwachsenen Menschen als Kinder ganz selbstverständlich draußen erlebten, sind unseren Kindern oft nicht mehr möglich. Holen Sie diese Abenteuerspielplätze für Ihre Kinder zurück, noch heute!

■ **Selbst gepflückt, schmeckt es noch einmal so gut! Erdbeeren sind ideale Naschpflanzen fürs Kinderbeet, denn sie sind recht einfach zu kultivieren und superlecker.**

Tipp
Wenn Ihre Kinder Haustiere wie z. B. Meerschweinchen oder Kaninchen besitzen, so pflanzen Sie auf einem Beet frische Kräuter und Gemüse (Gänseblümchen, Kamille, Löwenzahn, Sauerampfer, Spitzwegerich, Gräser, Karotten, Kohlrabi, Radieschen, Rote Bete) für die Tiere an. Dann können die Kinder stets frisches Futter pflücken.

Lieblingsfrüchte und -gemüse der Kinder. Sonnenblumen weisen den Weg zu den Naschbeeten. Aus den geernteten Früchten, evtl. ergänzt um zugekaufte vom Markt, kochen Sie mit den Kindern Marmelade oder Gelee, machen süße Gurken und Kürbis ein, so wie früher. So entstehen auch hübsche Geschenke aus dem eigenen Naschgarten.

Spielprojekt Hügel

Wenn es im Garten keinen natürlicherweise entstandenen Hang gibt, können Sie einfach selber einen schaffen. Nach einem Neubau fahren Sie nicht alles Aushubmaterial fort, sondern belassen – je nach Platz – einen 1 bis 3 m hohen und ausreichend breiten Hügel im Garten. Eine Seite können Sie mit großen und kleinen Natursteinen etwas befestigen, in die Erde getretene Stufen führen nach oben. Kies und Schotter können einen weiteren Teil des Erdhügels bedecken, dort gedeihen Wildgräser und Wildblumen, z. B. aus einer Blumenwiesen-Samenmischung. Ein solcher Hügel bietet das ganze Jahr über eine attraktive Spiellandschaft, die die Kinder nach ihren Wünschen umgestalten können, denn graben und Löcher buddeln ist ausdrücklich erlaubt. Im Sommer muss die Gießkanne her, im Winter wird der Hügel zum Rutschhang.

Haben Sie für einen Erdhügel keinen Platz, so besorgen Sie stattdessen zehn oder mehr eckige Strohballen, aus denen die Kinder Klettertürme, Festungen und vielerlei mehr bauen können. Strohballen sind ausreichend groß und ermöglichen das rasche Erstellen größerer, haltbarer Bauwerke; sie sind zudem recht weich und mindern so die Verletzungsgefahr.

Eine Blaumeise planscht im flachen Wasser der Vogeltränke. Sie gehört in jeden Garten, nicht nur weil sie die Vögel erfreut, sondern auch uns Menschen.

Was Gutes für Tiere tun

Kinder helfen Tieren gern. Lassen Sie die Kinder mithelfen, wenn Sie im Garten bestimmte Strukturen für Tiere schaffen wie z. B. den Steinhaufen für Eidechsen oder das Laubversteck für Igel. Viele kleine Bauprojekte realisieren Sie zusammen mit den Kindern. Dazu gehören:

- Geschlossene Nistkästen bauen für Meisen, Kleiber und andere Vögel, die in Spechthöhlen brüten.
- Halbhöhlenkasten herstellen für Bachstelze, Hausrotschwanz und Zaunkönig, dessen Vorderseite nur im unteren Bereich verschlossen ist.
- Eine Vogeltränke aus Ton bereitstellen.
- Ein flaches Vogelsandbad einrichten.
- Einen flachen Fledermauskasten aufhängen (am besten ein mit Fledermauskot beschmutztes Brettchen hineinstellen).
- Einen Nuss-Futterkasten mit Klappdeckel für Eichhörnchen im Garten installieren (die Tiere öffnen den Deckel und bedienen sich an den ungeschälten Haselnüssen).
- Nisthilfen für Wildbienen anbieten (Schilf- und Strohhalme, Hartholzblöcke mit Bohrlöchern, markgefüllte Holunderzweige waagrecht aufgestellt).
- Einen Salzstein für Schmetterlinge anbringen.
- Einen mit Holzwolle gefüllten Topf als Unterkunft für Ohrwürmer, Marienkäfer und Florfliegen aufhängen.

Zum Umgang mit Gefahren

Für kleine Kinder gehen im Garten die größten Gefahren von Wasserstellen (Gartenteich, offene Regentonne etc.) aus. Daher verzichten Sie in dieser Zeit am besten auf einen Teich. Unter den Giftpflanzen können Seidelbast *(Daphne mezereum)*, Pfaffenhütchen *(Euonymus europaeus)*, Stechpalme *(Ilex aquifolium)* und Goldregen *(Laburnum anagyroides)* wegen der verlockenden Früchte gefährlich werden. Klären Sie Ihre Kinder auf, dass es giftige, ungiftige und essbare Pflanzen gibt, und lernen Sie diese gemeinsam im Garten und in der freien Natur kennen. Pflanzen Sie Erdbeeren und verschiedene Obstgehölze an (Himbeeren, Brombeeren, Johannisbeeren, Stachelbeeren, Kiwi, Trauben etc.), von denen die Kinder nach Herzenslust naschen können, alle anderen Früchte sind für die Tiere da.

Streichelpflanzen

Manche Pflanzen muss man einfach anfassen: Die samtigen Blätter des Huflattichs fühlen sich gut an, ebenso die flauschig behaarten Blätter des Woll-Ziests, die zarten Blütenstände des Lampenputzergrases, die fedrigen Samenstände der Waldrebe oder die weichen Nadeln der Kiefer. Auch die abblätternde Rinde der Birke lockt zum Anfassen: Lose Rindenstreifen dürfen von den Kindern abgezogen und für Basteleien verwendet werden. Andere Pflanzen locken, weil sie stachelig sind – die Hüllen von Ess- und Rosskastanie gehören genauso dazu wie die Blätter von Disteln. Wer kann Brennnesseln schmerzfrei anfassen?

■ Der Herbst kündigt sich an im Naturgarten mit seinen orangeroten Farben. Die Kinder höhlen ihm zuliebe einen großen Kürbis vom eigenen Beet aus und heißen auch diese Jahreszeit mit einem Lächeln willkommen.

BUNTES REFUGIUM IN DER NORDEIFEL

Bild rechts:
Rechts und links vom Grasweg wachsen Blumen in verschwenderischer Fülle.

Bild unten:
Üppig blühen die Ramblerrosen am Eingang zum Gemüsegarten.

Sechs Kindern einen Raum zum Spielen und den Pflanzen zum Wachsen zu geben – das sind gute Gründe für die Anlage eines ökologischen Familiengartens, so dachten Hilde und Raymund Ibba Ende der 1970er-Jahre. Gedacht, getan: Sie erwarben ein altes Venn-Bauernhaus, deckten es mit Reet ein und renovierten es. Von Beginn an umgab das Haus eine 8 m hohe und 30 m lange Buchenhecke, wie sie dort im sogenannten Heckenländchen typisch ist.

Quer zum Haus in Richtung Süden liegt der 2000 m² große Hausgarten, der biologisch geführt wird. Lange Graswege unterteilen den Garten von Nord nach Süd, die Hauptwege sind 1 m breit, die Nebenwege etwa 60 cm. Vor diesen grünen Wegen heben sich die bunten Stauden, Sommerblumen und Kletterpflanzen besonders gut ab, ebenso die historischen Rosen, denen ihre Leidenschaft gilt: Nach und nach haben die Ibbas ca. 180 verschiedene Rosensorten angepflanzt – eine schöner als die andere – und mittendrin einen Kräutergarten angelegt. »Die Gestaltungsideen haben wir bei Besuchen in anderen Gärten bekommen oder beim Blättern in Büchern«, verrät Hilde Ibba augenzwinkernd. Immer wieder machen die beiden leidenschaftlichen Natur- und Rosengärtner neue Pflanzen und neue Samen ausfindig – oder diese lassen sich von Hilde und Raymund Ibba finden, denn welches Pflanzenkind mag nicht in einem solch lebendigen Naturgarten gedeihen?

Guter Naturdünger

Das nächste Gartenprojekt war eine Streuobstwiese auf dem eigenen Grundstück, auf der Coburger Fuchsschafe grasen. Ihr Mist landet ebenso auf dem Kompost wie alle organischen Abfälle aus Küche und Garten und liefert den Dünger für den Garten. »Ein bis zwei Jahre lang muss der Schafmist im Kompost verrotten. Dann haben wir einen sehr hochwertigen Dünger für Stauden und Rosen sowie für Gemüsearten wie Kartoffeln, Kürbis, Kohl und Lauch«, erläutert Hilde Ibba.

Inmitten der Schafweide liegt ein separater, ca. 500 m² großer Gemüsegarten, der von einem Kastanienzaun umgeben ist. Dort wächst in Mischkultur zwischen Sommerblumen und Kletterpflanzen wie Wicken und Winden alles, was lecker ist. Alte Gemüsesorten gehören dazu wie Erdbeerspinat *(Chenpodium capitatum)*, Palmkohl *(Brassica oleracea* var. *palmifolia)*, Mangold *(Beta vulgaris* subsp. *cicla)*, Haferwurz *(Tragopogon porrifolius)* und Guter Heinrich *(Chenopodium bonus-henricus)* etwa oder krautfäuleresistente Kartoffelsorten wie 'Sarpo Mira', 'Kerkauer Kipfler' und 'Rote Emmalie'.

Bild oben:
Aus Weidenruten geformte Kletterhilfen ragen aus dem Blumenmeer empor.

Bild unten links:
Die ganze Vielfalt der Natur soll sich im Garten der Familie Ibba zeigen.

Bild unten rechts:
Im lauschigen Bohnentunnel spielen die Enkelkinder gerne.

Die Streuobstwiese ist Lebensraum vieler tausend heimischer Vogel-, Insekten- und anderer Tierarten, die auf dem Anwesen zudem ein Feuchtbiotop, einen Totholz- und Steinhaufen und gezielte Wildnis an verschiedenen Stellen vorfinden. Dort genießen Kleinlebewesen Unterschlupf, können sich Schmetterlinge vermehren und der Zaunkönig wohlfühlen.

Die schönste Zeit

Ende Juni ist der Garten der Familie Ibba auf seinem Höhepunkt, denn zu dieser Zeit blühen die historischen Rosen in romantischen Farbtönen von Creme bis Dunkellila. Es duftet verschwenderisch, vor allem bei feuchtwarmem Wetter. Dann ist der Garten im Rahmen der »Offenen Gartenpforte Südliches Rheinland« auch für Besucher geöffnet.

Die viele Arbeit, die in dem Garten steckt, können die Besucher nur erahnen. Denn das, was so natürlich gewachsen aussieht, haben die Ibbas gezielt gestaltet. Sie erinnern sich auch an viele Rückschläge in den letzten drei Jahrzehnten, an Sturmschäden, Pflanzenkrankheiten, Schädlingsbefall. Raymund Ibba erläutert: »Wo die »Bodenpolizei« keinen vollen Erfolg zeigt, kommt die »Gartenluftwaffe« zum Einsatz. Das sind Rotkehlchen, Meisen und Zaunkönig, die den Befall in Grenzen halten. Wir setzen keinerlei Bekämpfungsmittel ein, nur die Schnecken sammeln wir konsequent ab.« Mit der Natur zusammenzuarbeiten und ihre Gesetze zu akzeptieren – das ist Hilde und Raymund Ibba wichtig. »Das Wichtigste ist die Bodenpflege und Kompost, Kompost, Kompost ...«

Natürlich genießt das Paar auch ihren herrlichen Naturgarten. Nach getaner Arbeit entspannen die beiden auf dem geräumigen Hof vor dem Haus – wo Tische und Stühle zwischen Rosen, Kräutern und Sommerblumen zum Verweilen einladen – oder beim erlebnisreichen Gang durch den Garten. »Ich schaue so gern den Vögeln beim Baden in der Vogeltränke zu. Oft entdecke ich auch Farbkombinationen in den Blumenbeeten, die durch Zufall entstanden sind. Und wenn dann die Schmetterlinge zu Dutzenden um die Katzenminzen gaukeln, der wundervolle Duft der verschiedenen Rosen, Kräuter, Stauden und Sommerblumen durch den Garten weht und ich für die Nachbarin einen bunten Blumenstrauß pflücke, dann weiß ich, dass sich manche Mühe während des Gartenjahres ganz sicher lohnt«, schwärmt Hilde Ibba.

Bild links:
Bei Hilde und Raymund Ibba sind Gäste im Garten sehr willkommen.

Bild rechts:
Der hellviolette Muskateller-Salbei setzt einen der Akzente im Staudengarten.

Pflanzen für den Naturgarten

Bäume und Sträucher – der Rahmen

Kein Garten ohne Bäume und Sträucher – so lautet die Devise, wenn Sie an die Pflanzenauswahl für Ihren Naturgarten gehen. Gehölze bereichern jeden Garten. Sie bieten vielfältige Gestaltungsmöglichkeiten, erfrischen die Luft und bieten heimischen Tieren reichlich Lebensräume.

Ist Ihr Garten groß genug, sollten Sie sich unbedingt für einen Hausbaum entscheiden. Das muss keine riesige Eiche, Buche oder Linde sein. Wählen Sie stattdessen lieber einen kleinen Obstbaum (Apfel, Birne, Quitte, Kirsche, mehr dazu ab Seite 106) oder einen kleinwüchsigen und kleinkronigen Laubbaum. Höhen von 10 m erreichen etwa Blumen-Esche *(Fraxinus ornus)*, Kugel-Ahorn *(Acer platanoides* 'Globosum') und Zier-Apfel *(Malus*-Hybriden), bis zu 15 m hoch werden Baum-Hasel *(Corylus colurna)*, Eberesche *(Sorbus aucuparia)* und Elsbeere *(Sorbus torminalis)*. Höhen bis zu 20 m weisen Ess-Kastanie *(Castanea sativa)*, Pyramiden-Eiche *(Quercus robur* 'Fastigiata'), Mehlbeere *(Sorbus aria)* und Speierling *(Sorbus domestica)* auf, sie sind damit eher für größere Gärten geeignet. Informieren Sie sich vor dem Kauf über heimische Arten, gegebenenfalls regionaler Herkunft, und deren arttypische Bedürfnisse.

Zwei Bäume, eine Hängematte, ein idyllisches, schattiges Plätzchen – mehr braucht es nicht für erholsame Stunden. Wohl dem, der Platz für hohe Bäume im Garten hat. Ansonsten schaffen auch Sträucher Atmosphäre.

Prüfen Sie gründlich, ob die gewählte Baumart auch tatsächlich zu Ihnen und Ihrem Garten passt – schließlich werden Bäume älter als wir Menschen.

Tiere lieben Wildsträucher

Sträucher bilden das Gerüst Ihres Gartens. Mit ihnen können Sie einen Gartenraum gestalten, der vor fremden Blicken geschützt ist. Sträucher geben verlässliche Hintergründe für die bunten Blumenbeete ab, mildern Lärm, Wind und Abgase – und sind ein wertvoller Lebensraum für Vögel, Insekten und andere Tiere. Letzteres gilt allerdings nicht für exotische Sträucher wie Rhododendron *(Rhododendron*-Sorten), Kirschlorbeer *(Prunus laurocerasus)* oder gar Lebensbaum *(Thuja*-Arten), sondern nur für unsere heimischen Wildsträucher, die zudem robust, anspruchslos und pflegeleicht sind. Mit jeder neuen Wildpflanzenart finden zehn neue Tierarten im Garten eine Bleibe: Von Gallmilbe bis Schmetterling, von Zaunkönig über Igel bis Siebenschläfer fühlen sich viele Tiere in einer solchen Wildstrauchhecke wohl, die Sie nach Ihren Wünschen und Platzmöglichkeiten als freistehende oder als Formschnitthecke anlegen können. Ein weiteres Plus: Dank Blüten und Früchten sind Wildsträucher das ganze Jahr über attraktive Augenweiden – manche sogar mit attraktiver Herbstfärbung und bunter Rinde – und laden Sie und Ihre Kinder zu Naturentdeckungen ein.

Da auch Sträucher langlebige Pflanzen sind, sollte man sie mit Bedacht wählen. Achten Sie bei der Wahl darauf, wie viel Platz Sie zur Verfügung haben und welche Größe die Sträucher erreichen werden. Weitere Fragen führen Sie zur richtigen Artenauswahl:

- Wollen Sie eine freiwachsende Strauchpflanzung oder soll es eine regelmäßig geschnittene Formhecke sein?
- Wie sind die Licht- und Temperaturverhältnisse am geplanten Standort? Ist der Boden leicht oder schwer? Ist der Standort geschützt oder offen?
- Welche Grenzabstände zum Nachbargrundstück sind einzuhalten?

Der richtige Grenzabstand

Im Nachbarrecht der Bundesländer sind die Grenzabstände zu Nachbargrundstücken geregelt, die Sie bei der Pflanzung von Bäumen und Sträuchern einhalten müssen. Relevant ist der Abstand von der Grenzlinie zur Mitte des Stammes oder der Hecke.

In Form geschnitten

Geschnittene Formhecken haben den geringsten Platzbedarf. Durch den regelmäßigen Schnitt (außerhalb der Brutzeit!) können Sie die Breite und Höhe recht frei bestimmen und so dem vorhandenen Platzangebot anpassen. Schnitthecken sind gerade auch in kleinen Gärten hübsche Hintergründe für farbige Blumenbeete. Im Naturgarten haben Lorbeer-Kirschen *(Prunus laurocerasus)*, Scheinzypressen *(Chamaecyparis*-Arten), Lebensbaum *(Thuja*-Arten) und ähnliche

Aus den weißen Blüten der Felsenbirne entwickeln sich ab Spätsommer leckere, blauschwarze Früchte, die Amseln sehr lieben.

Tradition

Lassen Sie doch den alten Brauch aufleben und pflanzen Sie bei der Geburt eines Kindes oder Enkels einen Baum.

Tipp
Verzichten Sie auf Forsythien, weil die Blüten dieses Zierstrauchs weder Pollen und Nektar noch Samen anbieten. Fröhliches Gelb bringt stattdessen die Kornelkirsche in den Frühlingsgarten.

Exoten nichts verloren: Höchstens eine Thuja können Sie den früh brütenden Grünfinken zuliebe pflanzen. Geeignete Sträucher für Schnitthecken sind: Berberitze *(Berberis*-Arten), Eibe *(Taxus*-Arten), Feld-Ahorn *(Acer campestre)*, Hainbuche *(Carpinus betulus)*, Kornelkirsche *(Cornus mas)*, Liguster *(Ligustrum*-Arten), Rotbuche *(Fagus sylvatica)* und Weißdorn *(Crataegus*-Arten).

In Bauerngärten waren die Gemüse-, Kräuter- und Blumenbeete mit niedrigen Hecken umgeben, die die Tiere abhalten sollten. Solche niedrigen Hecken sehen auch in modernen Gärten gut aus, geben sie den Beeten doch eine Struktur, die auch in der kalten Jahreszeit bestehen bleibt.

Bunt, bunter, Blütensträucher

Blühende Sträucher brauchen dank ihres lockeren Wuchses den meisten Platz, wirken dafür aber sehr natürlich und lebendig. Lassen Sie eine Vielfalt an verschiedenen Sträuchern in Ihrem Garten wachsen. Dann finden sich umso mehr Insekten, Vögel und andere Tiere ein.

Eine Auswahl kleiner Hausbäume

Name	Eigenschaften
Feld-Ahorn *(Acer campestre)*	bis zu 15 m hoch, unauffällige Blüten im Mai, geflügelte Früchte; wenig anspruchsvoll, robust
Hainbuche *(Carpinus betulus)*	bis zu 25 m hoch, Blütenkätzchen im Juni, nussartige Früchte im Herbst; wenig anspruchsvoll, schnittverträglich, guter Sichtschutz, da Laub im Winter lang an den Zweigen bleibt
Baum-Hasel *(Corylus colurna)*	bis zu 15 m hoch, Blütenkätzchen im März/April, essbare Nüsse im September, anspruchslos, guter Stadtbaum, stammt aus Südosteuropa
Apfelbaum *(Malus domestica)*	bis zu 10 m hoch, rosa-weiße Blüten im April/Mai, aromatisch duftende Äpfel ab Spätsommer; Standort sonnig, regionale, vor allem robuste Sorten bevorzugen, Holzapfel *(M. sylvestris)* als Bestäuberbaum pflanzen
Eberesche, Vogelbeere *(Sorbus aucuparia)*	bis zu 15 m hoch, cremeweiße duftende Blütendolden im Mai/Juni, bis zu 1 cm große kugelige orangerote Beeren ab Ende August; Standort sonnig bis halbschattig, Früchte über den Winter hängen lassen!

Blühende heimische Stars unter den Sträuchern sind Felsenbirnen *(Amelanchier*-Arten), Kornelkirsche *(Cornus mas)*, Mispel *(Mespilus germanica)*, Wild-Johannisbeeren *(Ribes*-Arten), Wildrosen *(Rosa*-Arten) und Schneeball *(Viburnum*-Arten). Bei den Gartensträuchern wären es Sommerflieder *(Buddleja*-Arten, für Schmetterlinge wertvoll), Scheinquitte *(Chaenomeles*-Arten), Maiblumenstrauch *(Deutzia*-Sorten), Ranunkelstrauch *(Kerria japonica)*, Kolkwitzie *(Kolkwitzia amabilis)*, Pfeifenstrauch *(Philadelphus*-Sorten) sowie Flieder *(Syringa vulgaris)*.

Zum märchenhaften Blühaspekt typischer Gartengehölze gesellen sich bei den heimischen Wildsträuchern noch die Früchte in der zweiten Jahreshälfte. So blühen Kornelkirsche, Hasel und Weiden *(Salix*-Arten) schon im Februar und März und bieten den ersten Schmetterlingen, Hummelköniginnen und Bienen wertvolle Nahrung. Dann geht es Monat für Monat weiter mit den nektar- und pollenreichen Blüten der Wildsträucher, die ohne Pause in die ersten Wildfrüchte übergehen. Efeu *(Hedera helix)* schließlich beendet den Blüh- und Fruchtreigen bis in den Winter hinein. Mehr über die verschiedenen Wildfrüchte wie Berberitze, Felsenbirne, Haselnuss, Kornelkirsche, Schlehe, Waldhimbeere, Wildapfel, Wilde Stachelbeere und Co. erfahren Sie auf Seite 110.

Ein wenig Gehölzpraxis

Die beste Pflanzzeit für Bäume und Sträucher hängt davon ab, in welchem Zustand Sie sie gekauft haben. Wurzelnackte Gehölze (ohne Erdballen) pflanzen Sie am besten im Herbst, bis Ende Februar ist es auch noch möglich. Pflanzen mit Ballen oder im Container können Sie an jedem frostfreien Tag rund ums Jahr setzen, aber auch für diese Gehölze ist der Herbst oder das zeitige Frühjahr die beste Pflanzzeit. Wählen Sie einen bewölkten Pflanztag, dann haben die Gehölze weniger Stress.

Vor dem Pflanzen sollten Sie Container- und wurzelnackte Pflanzen gut wässern, etwa indem Sie sie mindestens 15 Minuten lang in einen Eimer mit Wasser stellen. Dann heben Sie ein ausreichend großes Pflanzloch aus, idealerweise ist es doppelt so groß wie der Wurzelballen. Es muss so tief sein, dass der Wurzelballen ebenso tief gepflanzt werden kann, wie er im Container oder in der Baumschule stand. Lockern Sie den Boden der Pflanzgrube mit der Grabegabel auf, dann Container oder Ballentuch entfernen. Nach dem Einsetzen das Pflanzloch mit Erde auffüllen und diese festtreten und gut an den Wurzelballen anpressen, anschließend gründlich wässern (einschlämmen).

Nicht vergessen: Bäume brauchen in den ersten Jahren unbedingt einen stabilen Stützpfosten. Dieser sollte fußbreit vor dem Pflanzen des Baumes in den Boden geschlagen werden. Daran bindet man den Stamm mit einem Kokosstrick und einer Achterschlaufe fest.

Während der richtige Pflegeschnitt bei Obstgehölzen unerlässlich ist, um Früchte zu ernten, können Sie es bei den Ziergehölzen diesbezüglich lockerer angehen. Von Natur aus wachsen die meisten Bäume und Sträucher durchaus harmonisch nach ihrem inneren Wachstumsplan. In der Regel reicht es aus, wenn Sie im Frühling bei einem Auslichtungsschnitt vertrocknete Äste und Zweige sowie solche, die nach innen wachsen, herausschneiden. Sehr alte oder verwilderte Sträucher können Sie verjüngen, indem Sie sie radikal direkt über dem Boden abschneiden. Eine frei wachsende Hecke schneiden Sie alle ein bis zwei Jahre, während Formhecken jedes Jahr geschnitten werden. Der Frühjahrsschnitt macht die Hecke dichter, ein Sommerschnitt hält sie in Form.

Efeu

Immergrün, schattenverträglich, kletternd oder bodendeckend und ökologisch wertvoll – das sind die Pluspunkte des Efeus *(Hedera helix)*. In den ganzjährig grünen Ästen älterer Pflanzen finden Vögel und andere Tiere hervorragende Brutplätze. Die Blüten sind eine wichtige Herbstnahrung für Honigbienen, Wespen, Schmetterlinge und verschiedene Fliegen. Die giftigen blauschwarzen Beerenfrüchte stehen auf dem Speiseplan von Rotkehlchen, Amseln, Staren, Mönchsgrasmücken und Gartenrotschwänzen.

Pflanzvorschlag Wildsträucherhecke

1 Felsenbirne *(Amelanchier ovalis)*

2 Roter Hartriegel *(Comus sanguinea)*

3 Flieder *(Syringa vulgaris)*

4 Eberesche *(Sorbus aucuparia)*

5 Holunder *(Sambucus nigra)*

6 Wildrosen *(Rosa rubiginosa, R. rugosa)*

Die bei Vögeln beliebtesten Wildsträucher für freiwachsende Hecken und Schnitthecken

Name	Höhe	Blütezeit/ Fruchtzeit	Aussehen	Kultur, Standort
Weißdorn *(Crataegus*-Arten)	3–5 m	Mai – Juni / Sep. – Okt.	dorniger Strauch, weiße bis rosa Scheibenblüten, rote Früchte	anspruchslos, ☼
Roter Hartriegel *(Cornus sanguinea)*	2–4 m	Mai – Juni / Aug. – Okt.	lockerer Strauch mit blutroten Zweigen im Herbst/Winter, weiße Sternblüten, schwarze Früchte	anspruchslos, ☼ – ◑
Pfaffenhütchen *(Euonymus europaeus)*	2–4 m	Mai – Juni / Aug. – Okt.	unscheinbare Blüten, auffällige rosa Kapselfrüchte mit orangefarbener Samenhülle, rotgelbe Herbstfärbung, giftig	anspruchslos, ☼ – ◑
Faulbaum *(Frangula alnus)*	bis zu 3 m	Mai – Aug. / Juli – Okt.	raschwüchsig, sehr lange Blütezeit, kleine weiße Blüten, erbsengroße, giftige Früchte	anspruchslos, ◑, feucht
Liguster *(Ligustrum vulgare)*	bis zu 3 m	Juni – Juli / Aug. – Sept.	dichter Strauch, kleine Blätter, kleine weiße Blüten, schwarze giftige Früchte	anspruchslos, ☼ – ●, auch Formschnitt
Rote Heckenkirsche *(Lonicera xylosteum)*	bis zu 3 m	Mai – Juni / Juni – Juli	reich verzweigt, gelblich weiße zart duftende Lippenblüten, scharlachrote, giftige Früchte	anspruchslos, ☼ – ◑
Kreuzdorn *(Rhamnus cathartica)*	bis zu 3 m	Mai – Juni / Sept. – Nov.	dornig, unscheinbare Blütenbüschel, blauschwarze, giftige Früchte	anspruchslos, ☼
Salweide *(Salix caprea)*	3–7 m	März – April / Juni – Juli	reich belaubter Strauch, Kätzchenblüten mit Honigduft, weiße Kapselfrüchte	anspruchslos, ☼, schnittverträglich
Schwarzer Holunder *(Sambucus nigra)*	3–8 m	Juni – Aug. / Aug. – Sept.	weiße schirmartige, süß duftende Blütenstände, schwarze Früchte	anspruchslos, ☼ – ◑
Gemeine Eibe *(Taxus baccata)*	3–10 m	März – Mai / Sept. – Okt.	immergrün, Strauch, unscheinbare Blüten, rote Früchte mit dunkelbraunem Samen, giftig	anspruchslos, ◑ – ●, auch Formschnitt
Gewöhnlicher Schneeball *(Viburnum opulus)*	bis zu 5 m	Mai – Juni / Sept. – Okt.	Strauch mit langen, gebogenen Zweigen, weiße schirmförmige, süß duftende Blüten, rote, giftige Früchte, rote Herbstfärbung	anspruchslos, ☼, feucht

☼ = sonnig, ◑ = halbschattig, ● = schattig

Wilde Rosen

Wildrosen sind nicht nur überaus attraktive Gehölze, die bis zu 3 m hoch werden. Sie bieten mit ihren stachligen Ästen, den feinen Blättern, den weißen bis rosaroten, duftenden pollenreichen Blüten (Mai bis Juli) und nahrhaften Hagebutten (September/Oktober) Vögeln und anderen Tieren wichtige Brutplätze und Nahrung. So ernähren sich die Raupen verschiedener Schmetterlinge (etwa die des Kleinen Nachtpfauenauges) von den Blättern, in die Blattschneiderbienen kreisrunde Löcher schneiden. Blattrosenkäfer, Honigbienen, Grabwespen, Steinhummeln und andere Insekten werden von den hübschen Blüten, Igel, Grünfinken, Dompfaffe, Kernbeißer und andere Vögel von den Früchten angelockt.

Das sind die schönsten Wildrosen für den Naturgarten

- Acker-Rose, Feld-Rose *(Rosa agrestis):* weiße, herbsüß duftende Blüten
- Kriech-Rose *(Rosa arvensis):* kleinwüchsig, weiße, duftlose Blüten
- Hunds-Rose *(Rosa canina):* sehr stachelig, große weiße bis rosa aromatisch duftende Blüten
- Essig-Rose *(Rosa gallica):* kleinwüchsig, große, hell- bis dunkelkarminrote Blüten
- Blaue Hecht-Rose *(Rosa glauca):* bläuliche Blätter, rosa-weiße Blüten
- Zimt-Rose *(Rosa majalis):* oft stachellos, karminrote Blüten
- Kleinblütige Rose *(Rosa micrantha):* mit kletternden Eigenschaften, hellrosa Blüten
- Alpen-Rose *(Rosa pendulina):* karminrosa Blüten, orangefarbene Hagebutten, gelbe Herbstfärbung
- Wein-Rose *(Rosa rubiginosa):* sehr stachelig, rosarote Blüten
- Kartoffel-Rose, Apfel-Rose *(Rosa rugosa):* große duftende, kräftig rosafarbene Blüten
- Bibernell-Rose *(Rosa spinosissima):* kleinwüchsig, weiße bis gelbliche Blüten
- Filz-Rose *(Rosa tomentosa):* für sehr trockene Standorte geeignet, weiße bis hellrosa Blüten
- Apfel-Rose *(Rosa villosa):* harzig duftende, rosa Blüten

Achten Sie bei der Wahl von Wildrosen auf den richtigen Standort!

Die Früchte der Kornelkirsche sind im überreifen Zustand am süßesten.

Aus duftenden Schirmblüten entwickeln sich die Schwarzen Holunderfrüchte.

Hübsch anzusehen, aber nur für Vögel genießbar – die giftigen Früchte des Pfaffenhütchens.

Stauden – lebendige Vielfalt

Tipp
Wählen Sie stets die ungefüllten Wildformen der Stauden. Nur sie bilden garantiert Nektar, Pollen und Samen aus – wertvolle Nahrung für Insekten, Vögel und andere Gartentiere.

Die heimische Pflanzenwelt bietet ein enorme Fülle und Auswahl an attraktiven Stauden, die vom bescheidenen Lein bis zum grandiosen Mädesüß reichen. Sie sind verlässliche Partner bei der Gestaltung des Gartens.

Stauden sind krautige Pflanzen, die mehrjährig gedeihen und jedes Jahr wieder aus dem überdauernden Wurzelstock neu austreiben. Im Herbst und Winter sterben bei den Stauden nur die oberirdischen Pflanzenteile ab, während der Wurzelstock eine Ruhepause einlegt und im Frühjahr neu austreibt. Das unterscheidet sie von den ein- und zweijährigen Sommerblumen, die keine Pflanzenorgane besitzen, die Winter, Trockenzeiten oder andere unwirtliche Zeiträume überdauern können. Auch die Gräser sowie Zwiebel- und Knollenpflanzen gehören zu den Stauden, werden aber jeweils in einem eigenen Kapitel vorgestellt.

Bis zu 2 m hoch werden die reichblütigen Windblumen-Königskerzen *(Verbascum phlomoides)*.

Stauden gibt es in einer fast unüberschaubaren Vielfalt. Manche bleiben niedrig und sind hervorragende Bodendecker, andere bilden meterhohe Blütenkerzen aus und wirken als imposante Solitäre. Manche bevorzugen feuchte oder nährstoffreiche Plätze, andere brauchen kargen, steinigen Boden zum Gedeihen. Manche gedeihen nur in der vollen Sonne, andere sind Schattenkinder und manche kommen mit sonnigen bis halbschattigen Bedingungen klar. Manche wirken durch ihr attraktives Blattwerk, andere durch ein Feuerwerk an Farben. Sie ahnen die Fülle unserer ausdauernden Blumen.

Das Gute ist: Im Naturgarten mit seinen naturnahen Gestaltungen wird die Auswahl erleichtert, denn heimische Wildstauden und solche, die heimisch geworden sind oder dabei sind, heimisch zu werden, erhalten den Vorzug. Diese Wildstauden, die wild oder verwildert in Mitteleuropa vorkommen, sind ökologisch wichtig, zudem robust, standortangepasst und attraktiv. Gründe genug, ihnen einen Platz auch in Ihrem Garten zu geben.

Die richtigen Stauden wählen

Wichtige Kriterien für die Wahl der passenden Wildstauden sind: Aussehen, Wuchshöhe und -breite, Blütenfarbe und Blütezeit und der Ausbreitungsdrang (ausläuferbildend, Selbstaussaat). Die allerwichtigsten Kriterien jedoch sind die Standortbedingungen in Ihrem Garten. Diese können an verschiedenen Plätzen unterschiedlich sein. So müssen Sie für das vollsonnige Blumenbeet rund um die Terrasse andere

Pflanzen wählen als für die Unterpflanzung von Sträuchern oder für den eher feuchtgründigen Vorgarten, der im Sommer nur morgens und abends direkte Sonne empfängt. Aus diesem Grund richtet sich die Pflanzenauswahl in diesem Buch an den Standortansprüchen der Stauden aus. Schließlich gedeihen Wildstauden am besten und schönsten, wenn man sie ungestört wachsen lässt.

Ein bisschen Staudenpraxis

Die besten Pflanzzeiten für Stauden sind Frühjahr und Frühherbst. Zwar erhalten Sie die meisten Stauden als Containerpflanzen, die eigentlich das ganze Jahr über bei frostfreien Bedingungen gesetzt werden können. Dennoch entwickeln auch sie sich während der »klassischen« Pflanzzeiten am besten.

Neben der Pflanzung können Sie Stauden auch aussäen. Manche Stauden wie Schafgarbe oder Frauenmantel tun das an zusagenden Standorten von selbst. Wenn Sie Ihre Wildstauden nach der Blüte nicht zurückschneiden, sondern zur Samenbildung kommen lassen, können Sie die Samen sammeln oder natürlich auch Samen zukaufen. Die Aussaat bietet sich etwa bei solchen Stauden an, die wie Astern (*Aster*-Arten), Diptam *(Dictamnus albus)*, Glockenblumen (*Campanula*-Arten) oder Himmelsschlüssel *(Primula veris)* größere Flächen bedecken sollen.

Wildstauden pflegen

Obwohl Wildstauden am besten von ganz allein wachsen und gedeihen, brauchen auch sie etwas Pflege. Dazu gehört das Gießen, das an das Bedürfnis der einzelnen Pflanzen angepasst wird. Verwenden Sie dazu möglichst kalkarmes

Tipp

Achten Sie beim Kauf auf gesunde und gut gepflegte Pflanzen, die mehrere frische Triebe oder Triebspitzen zeigen.

Kleine Kunstwerke wetteifern in diesem einladenden Garten mit den Wildstauden in sommerkühlen Blau-, Weiß- und Violetttönen um die Wette. Sie bringen vertikale Elemente in das eher horizontal ausgerichtete Blumenmeer.

Stauden richtig pflanzen

1. Containerpflanze in wassergefüllte Schale stellen
2. ausreichend großes und tiefes Pflanzloch graben
3. je nach Pflanzenbedürfnis etwas Kompost ins Pflanzloch geben (max. ⅓ der Pflanzerde)
4. bei trockenem Boden Pflanzloch wässern
5. Pflanze vorsichtig aus dem Container nehmen, zu dichte Wurzeln aufreißen
6. Pflanze so tief ins Pflanzloch setzen, dass die Oberfläche des Wurzelballens mit der Erdoberfläche abschließt
7. Erde um Wurzelballen herum anfüllen und andrücken
8. gründlich gießen, Wurzeln gut einschlämmen

■ Das bis zu 1,5 m hohe Echte Mädesüß *(Filipendula ulmaria)* gedeiht gern auf dem feuchten Boden am Gewässerrand, auf feuchten Wiesen und im Sumpf.

Regenwasser. Die besten Gießzeiten sind in den frühen Morgenstunden, denn dann geht nicht so viel Feuchtigkeit durch sofortiges Verdunsten verloren wie in den Mittagstunden. Auch Verbrennungen sind dann keine Gefahr, denn die Wassertropfen wirken bei vollem Sonnenlicht wie Brenngläser. Gießen Sie lieber einmal durchdringend als mehrmals nur wenig, damit auch die tieferen Bodenschichten gut mit Wasser versorgt sind. Achten Sie beim Gießen darauf, das nur der Boden nass wird und nicht die Pflanze.

Auch der Bedarf an Nährstoffen ist bei den Wildstauden sehr unterschiedlich. Die Palette reicht, den natürlichen Lebensräumen entsprechend, von ausgesprochenen Magerpflanzen bis zu Nährstofffressern. Die Düngung muss stets an die herrschenden Bodenverhältnisse und die arttypischen Nährstoffansprüche angepasst sein. Geben Sie nur so viel Dünger, wie die Pflanzen auch tatsächlich brauchen, denn zu viele Nährstoffe erhöhen die Anfälligkeit für Krankheiten. Verzichten Sie im Naturgarten auf mineralische Mehrnährstoffdünger und setzen Sie nur auf organische Düngemittel wie den eigenen Kompost (siehe Seite 78), Gesteinsmehl, Hornspäne und Ähnliches. Günstige Düngezeitpunkte sind vor dem Austrieb und direkt vor der Blüte. Nach dem Monat Juli sollten Sie nicht mehr düngen, denn dies schwächt die Pflanzen hinsichtlich der Überwinterung. Zudem gelangt der überschüssige Dünger direkt ins Grundwasser.

Hin und wieder müssen Sie auch zur Schere greifen. Wenn sich die Wildstauden so sehr drängen, dass sie sich gegenseitig Licht und Luft nehmen, sollten Sie einzelne Triebe dicht über dem Boden herausnehmen. Auch kranke oder beschädigte Triebe werden regelmäßig entfernt. Berg-Flockenblume *(Centaurea montana)*, Ochsenauge *(Buphthalmum salicifolium)*, Ehrenpreis *(Veronica*-Arten) und andere Wildstauden blühen nach einem Rückschnitt nach der ersten Blüte noch ein zweites Mal. Bei stark aussamenden Stauden wie Blut-Weiderich *(Lythrum salicaria)*, Frauenmantel *(Alchemilla*-Arten) und Hornkraut *(Cerastium*-Arten) können Sie die Samenbildung reduzieren, indem Sie einen Teil der verwelkten Blüten abschneiden. Bedenken Sie aber, dass Pflanzensamen wichtige Tiernahrung sind.

Vor dem Winter hingegen schneiden Sie die Stauden nicht zurück, sondern lassen sie stehen. Manche wie Geißbart *(Aruncus dioicus)*, Disteln (z. B. *Cirsium*, *Dipsacus*) oder Christophskraut *(Actea spicata)* besitzen überaus attraktive Samen- und Fruchtstände, die im Winter mit Raureif überzogen wahre Augenweiden sind und Winternahrung für Vögel. Zudem überwintern zwischen den Pflanzen viele Kleintiere, die für einen gesunden Garten notwendig sind.

Die meisten Wildstauden benötigen keinen Winterschutz, denn sie sind an die hiesigen Wetterbedingungen angepasst.

Stauden teilen

Auch mehrjährige Wildstauden haben nur eine begrenzte Lebensdauer. Sie erschöpfen im Lauf der Jahre und bilden weniger Blüten, wachsen schlechter und fallen auseinander. Dann ist die Zeit gekommen, die Stauden durch Teilung zu verjüngen, dabei werden sie gleichzeitig vermehrt. Nehmen Sie dazu im Frühjahr den Wurzelstock mit der Grabgabel aus der Erde, teilen ihn mit Messer oder Spaten und pflanzen nur die kräftigsten Teilstücke wieder ein. Den Rest können Sie im Freundes- oder Nachbarschaftskreis verschenken. Nach drei bis fünf Jahren sollten Sie zum Beispiel Akelei, Gemswurz, Steinbrech und Wiesen-Margerite verjüngen, nach sieben bis neun Jahren Ehrenpreis, Eisenhut, Herbstastern, Knäuel-Glockenblume, Salbei und Sonnenhut. Zu den langlebigen Stauden, die über zehn Jahre gut wüchsig und blühfreudig sind, gehören Beinwell, Geißbart, Gold-Felberich und Kugeldistel.

Robuste Wildstauden für viele Fälle

Wenn Sie noch kein erfahrener Gärtner sind, sollten Sie robuste Stauden wählen, die sich an verschiedenen Standorten wohlfühlen und wie von selbst gedeihen. Mit folgenden Wildstauden können Sie auch viele Gartensituationen gestalten:

- Kleiner Odermennig *(Agrimonia eupatoria):* Wuchshöhen von 30 bis 100 cm, gelbe, pollenreiche Blüten von Juni bis August, alte Heilpflanze
- Kriechender Günsel *(Ajuga reptans):* 5 bis 30 cm hoher Bodendecker mit blauen zierlichen Lippenblüten in Quirlen, entwickelt rasch dichte Blütenteppiche
- Astern *(Aster novae-angliae, A. novi-belgii):* 60 bis 180 cm, blauviolette bis lilafarbene Körbchenblüten von August bis November, Insekten- und Bienenweide
- Knäuel-Glockenblume *(Campanula glomerata):* 20 bis 40 cm, blauviolette Glockenblüten in Büscheln von Juni bis September, nektar- und pollenreich
- Acker-Hornkraut *(Cerastium arvense):* 5 bis 30 cm, weiße Blüten über grünem Blätterteppich von April bis Juli, Pionierpflanze, wuchsfreudig, bedeckt rasch sonnige Flächen etwa im neu angelegten Garten
- Wilde Möhre *(Daucus carota):* 30 bis 100 cm, weiße Doldenblüten von Juni bis September, attraktiver Fruchtstand, wertvoll für Tiere

An den Stängeln der filigranen Kuckucks-Lichtnelke *(Silene flos-cuculi)* haftet oftmals »Kuckucksspeichel«, die Schaumnester der Wiesenschaumzikade.

Tipp
Ein besonders schöner Blickfang vor einer Mauer oder vor Gehölzen ist die lichten Schatten liebende, bis zu 1,5 m hohe Akeleiblättrige Wiesenraute *(Thalictrum aquilegiifolium)* mit ihren pinselähnlichen Blüten in hauchzarten Rispen.

Tipp
Nur unsere heimische Flora stellt Samen, Blätter und Früchte für Insekten in ausreichend großer Menge zur Verfügung, damit das ganze Jahr über genügend Nahrung für die Tierwelt da ist.

- Blutroter Storchschnabel *(Geranium sanguineum)*: 10 bis 50 cm, purpurrote Blüten von Mai bis September über filigranem Laub, breitet sich dank weit kriechender Rhizome gut aus
- Weiden-Alant *(Inula salicina)*: 30 bis 80 cm, goldgelbe Körbchenblüten von Juni bis Oktober, sehr dankbar
- Gewöhnliches Leinkraut *(Linaria vulgaris)*: 20 bis 70 cm, schwefelgelbe Lippenblüten in dichten Trauben, Pionierpflanze, besiedelt rasch Rohböden

Typisch am Wegrand: Der Natternkopf *(Echium vulgare)* bringt aber auch auf Staudenrabatten viel blaue Farbe.

- Kriechendes Fingerkraut *(Potentilla reptans)*: 5 bis 10 cm, goldgelbe Blüten von Mai bis August, kriechender Wuchs
- Echtes Seifenkraut *(Saponaria officinalis)*: 30 bis 80 cm, weiße bis blassrosa Blüten von Juni bis September, lockt abends mit duftenden Blüten Nachtfalter an
- Gamander-Ehrenpreis *(Veronica chamaedrys)*: 10 bis 25 cm, himmelblaue Blüten von Mai bis Juli, auf allen nährstoffreichen, ausreichend feuchten Böden

Heimische Wildstauden für sonnige Beete

Wildstauden, die sich auf besonnten Flächen wohlfühlen, haben ihre Heimat auf Wiesen und in Steppen, wo sie fern von schattenwerfenden Gehölzen auf offenen Plätzen wachsen. Wo viel Sonne scheint, ist es auch warm – daher sind diese Pflanzen auch ganz gut wärmeverträglich. Eine Auswahl an sonneliebenden Stauden finden Sie auf Seite 50.

Wo's trocken und mager ist

Stauden, die auf steinigen oder sandigen Böden gedeihen, sind sonnenverwöhnte Spezialisten, die gut mit nährstoffarmen, trockenen Böden zurechtkommen. Sie eignen sich für Stein- und Kiesgärten sowie Trockenmauern, Mauerritzen und Treppenfugen. Staunässe ist ihnen zuwider, daher müssen Sie für eine gute Drainage aus Kies sorgen, wenn diese nicht natürlich vorhanden ist.

- Frühlings-Adonisröschen *(Adonis vernalis)*: 20 bis 30 cm, goldgelbe Blüten von (März) April bis Mai, Blätter bleiben grün bis in den Herbst hinein
- Ochsenzunge *(Anchusa officinalis)*: 30 bis 100 cm, blauviolette Blütenstände von April bis Oktober, längliche, weich behaarte Blätter spiralig um den Stängel, Bienen- und Schmetterlingsweide
- Färberkamille *(Anthemis tinctorum)*: 30 bis 70 cm hoch, gelbe Blüten von Juni bis September, duftet, Bienen- und Insektenweide, für Blumensträuße geeignet
- Ochsenauge *(Buphthalmum salicifolium)*: 20 bis 60 cm hoch, gelbe Blüten von Juni bis September, Insekten- und Bienenweide

- Strandkohl *(Crambe maritima):* 30 bis 80 cm hoch, weiße, duftende Blüten in Trauben von Mai bis August, nur für sandige Böden geeignet, muss nicht salzig sein, willig, sehr gut ausdauernd und attraktiv von Frühjahr bis Herbst
- Karthäuser-Nelke *(Dianthus carthusianorum):* 30 bis 50 cm hoch, purpurrote Blüten von Juni bis September, kurzlebig, verwildert aber durch Selbstaussaat, auch für Dachgärten und Trockenmauern geeignet
- Gelber Lein *(Linum flavum)*: 20 cm hoch, hellgelbe Blüten von August bis Oktober, Bienenweide, lang blühend, bildet kurze Ausläufer; auch der blaublütige Ausdauernde Lein *(L. perenne)* ist geeignet
- Küchenschelle *(Pulsatilla vulgaris):* 20 cm hoch, violette Anemonenblüten von März bis April, lange fedrige Samenstände, hübsch behaarte Blätter, Insekten- und Bienenweide, giftig
- Steppen-Salbei *(Salvia nemorosa):* 40 bis 60 cm hoch, dunkelviolette Blütenkerzen im Juni und ab Mitte August, Bienen- und Insektenweide, für Blumensträuße geeignet
- Purpur-Fetthenne *(Sedum telephium):* 20 bis 40 cm, purpurrosa Blüten von September bis Oktober, Bienenweide

Weitere geeignete Pflanzen: Kugel-Lauch *(Allium sphaerocephalon)*, Natternkopf *(Echium vulgare)*, Reiher-Federgras *(Stipa barbata)*, Echtes Federgras *(Stipa pennata)*, Königskerze *(Verbascum)*

So bepflanzen Sie eine Trockenmauer

Füllen Sie in die Fugen der Trockenmauer eine feuchte Mischung aus Erde, Sand und evtl. etwas Kompost ein. In dieses Substrat setzen Sie Jungpflanzen ein oder säen Samen aus. Wählen Sie Pflanzen mit geringen Nährstoffansprüchen wie zum Beispiel Gemswurz *(Doronicum)* oder Silberwurz *(Dryas)*, die gut auf mageren, steinigen Böden wachsen. Von der Mauerkrone herab hängen Hornkraut *(Cerastium)* oder Schleierkraut *(Gypsophila)*. Eine schöne Kombination aus Stauden europäischer Herkunft in den Farben Weiß, Purpur und Blau ist auch folgende Mischung: Zum feinlaubigen Teppich-Schleierkraut (*Gypsophila repens*,

Tipp

Füllen Sie in die Fugen von Trockenmauern eine feuchte Mischung aus Erde, Sand und evtl. etwas Kompost ein. In dieses Substrat setzen Sie Jungpflanzen ein oder säen Samen direkt aus.

Die zehn besten Stauden für den Imkergarten

Bienen stehen auf nektar- und pollenreiche Blüten, die süße Kohlenhydrate und nahrhafte Eiweiße liefern. Wählen Sie von den folgenden Stauden stets die Wildformen, gezüchtete Sorten bilden oftmals weder Nektar und Pollen. Mit diesen Stauden bieten Sie von März bis September gute Bienennahrung an:

Staude	Blütezeit	Nektar	Pollen
Pestwurz *(Petasites*-Arten)	März – April	sehr gut	sehr gut
Sumpfdotterblume *(Caltha palustris)*	März – Mai	sehr gut	gut
Löwenzahn *(Taraxacum officinale)*	April – Juni	sehr gut	hervorragend
Diptam *(Dictamnus albus)*	Mai – Juli	sehr gut	gut
Himmelsleiter *(Polemonium caeruleum)*	Mai – Juli	sehr gut	sehr gut
Hundszunge *(Cynoglossum*-Arten)	Mai – Juli	hervorragend	hervorragend
Weiß-Klee *(Trifolium repens)*	Mai - September	hervorragend	sehr gut
Steinklee *(Melilotus*-Arten)	Juni – September	hervorragend	sehr gut
Ysop *(Hyssopus officinalis)*	Juli – September	hervorragend	mittelmäßig
Sonnenbraut *(Helenium*-Sorten)	Juli – September	sehr gut	hervorragend

Hervorragende Bienenweiden unter den Sommerblumen sind Borretsch *(Borago officinalis)*, Koriander *(Coriandrum sativum)*, Buchweizen *(Fagopyrum esculentum)*, Fenchel *(Foeniculum vulgare)* und Büschelschön *(Phacelia tanacetifolia)*.

Tipp

Das Feld-Mannstreu *(Eryngium campestre)* ist mit seiner sparrigen, graugrünen Gestalt und den stahlblauen Hochblättern ein Hingucker vor einer sonnenbeschienenen Hauswand. Hummeln, Schmetterlinge und viele andere Insekten erfreuen sich an den Blüten.

Heimische Wildstauden für sonnige Beete

Name	Blütezeit und -farbe	Höhe	Kultur	Besonderes
Schafgarbe *(Achillea millefolium)*	Juni – Okt. weiße bis rosa Blütenscheiben	20 – 80 cm	robust, anspruchslos, verträgt Trockenheit	alte Heilpflanze, passt zu Malven und Glockenblumen
Akelei *(Aquilegia vulgaris)*	Mai – Juni blauviolette nickende Blüten	30 – 80 cm	humusreicher Boden	Hummelpflanze, Selbstaussaat, in Gruppen pflanzen
Acker-Glockenblume *(Campanula rapunculoides)*	Juni – Sept. blauviolette Glockenblüten in Trauben	30 – 100 cm	nährstoffreicher Boden, an zusagendem Standort sehr wuchsfreudig	schließt bei schlechtem Wetter die Blüten
Echtes Johanniskraut *(Hypericum perforatum)*	Juni – Aug. goldgelbe Blütendolden	30 – 60 cm	trockener, nährstoffarmer Boden	stattliche Horste, alte Heilpflanze
Rosen-Malve *(Malva alcea)*	Juni – Okt. zarte rosa Blüten	50 – 120 cm	lockerer, durchlässiger Boden, wärmeliebend	Selbstaussaat, auch für trockene Standorte
Rainfarn *(Tanacetum vulgare)*	Juli – Sept. dottergelbe Blütenköpfe	60 – 120 cm	lockerer, humus- und nährstoffreicher Boden	farnähnliche Blätter, auch im Winter attraktiv, strenger Geruch, alte Heilpflanze

Heimische Wildstauden für halbschattige bis schattige Beete

Name	Blütezeit und -farbe	Höhe	Kultur	Besonderes
Eisenhut *(Aconitum napellus)*	Juni – Aug. blauviolette Blütentrauben	50 – 150 cm	in nicht zu trockenem, Boden am Gehölzrand	die giftigste Pflanze Europas, nur mit Handschuhen anfassen!! Selbstaussaat
Frauenmantel *(Alchemilla vulgaris)*	Mai – Sept. grünlich gelbe Blüten	10 – 30 cm	anspruchslos, frischer Boden	attraktive, runde Blätter
Wald-Geißbart *(Aruncus dioicus)*	Juni – Juli gelblich weiße fedrige Blütenbüschel	90 – 200 cm	feuchter Boden. vor Gehölzrand oder am Teichufer	pollenreiche Blüten, leicht giftig
Breitblättrige Glockenblume *(Campanula latifolia)*	Juni – Aug. blauviolette Glockenblüte	50 – 150 cm	feuchter Boden	breite Blätter, eine der ökologisch wertvollsten Glockenblumenarten
Wald-Storchschnabel *(Geranium sylvaticum)*	Juni – Juli rotviolette Blüten	30 – 60 cm	anspruchslos, braucht ausreichend Bodenfeuchtigkeit	entwickelt üppige Horste
Salomonsiegel *(Polygonatum odoratum)*	Mai – Juni weiße Blütenglöckchen an bogigem Stängel	15 – 40 cm	lockerer, humusreicher Boden	alte Heilpflanze, giftig
Schlüsselblumen *(Primula elatior, P. veris, P. vulgaris)*	Feb. – April gelbe Blüten	5 – 15 cm	humus- und nährstoffreicher Boden	durchsetzungsstarke Pflanze, Bodenrosette aus wintergrünen Blättern
Lungenkraut *(Pulmonaria officinalis)*	März – Mai rosa bis violette Röhrenblüten	15 – 30 cm	durchlässiger, nährstoffreicher Boden	alte Heilpflanze, Insektenweide

10 cm hoch, weiße Blütenschleier von Mai bis Juli) setzen Sie Grauen Storchschnabel *(Geranium cinerum)*, Felsen-Bauernsenf *(Iberis saxatilis)* und Österreichischen Drachenkopf *(Dracocephalum austriacum)*.

Stauden für heiße Sommer

Manche Stauden blühen in heißen Sommern geradezu auf. Zu diesen Hitzekindern gehören beispielsweise Portulak *(Portulaca oleracea)*, Rosmarin *(Rosmarinus officinalis)*, Fetthennen (*Sedum*-Arten) und Thymian *(Thymus praecox)*. Wenn Sie den Boden mit Schotter bestreuen, wird die Bodenfeuchte zurückgehalten und steht den Stauden zur Verfügung.

Heimische Wildstauden für schattige Beete

Schattige Bereiche gibt es im Garten unter Bäumen oder Hecken oder auf der Nordseite der Häuser, die nicht von der Sonne erreicht wird. Dort finden schattenliebende Stauden, bei denen es sich meist um heimische Waldpflanzen handelt, einen optimalen Standort. Im Herbst decken Sie dort den Boden wie am natürlichen Standort mit Laub ab. Eine Auswahl an Stauden für schattige Bereiche finden Sie in der Tabelle auf Seite 50.

Dazu passen folgende Zwiebelblumen: Busch-Windröschen *(Anemone nemorosa)*, Großes Windröschen *(Anemone sylvestris)*, Maiglöckchen *(Convallaria majalis)*, Winterling *(Eranthis hyemalis)*, Wald-Goldstern *(Gagea lutea)*, Schneeglöckchen *(Galanthus nivalis)* und Märzenbecher *(Leucojum vernum)*.

Heimische Wildstauden für feuchte Plätze

Das Ufer eines Gartenteichs, ein Sumpfbeet oder eine feuchte Wiese eignet sich als Lebensraum dieser Stauden. Sie fühlen sich aber auch am feuchten Saum von Bäumen und Sträuchern an sonnigem bis schattigem Standort wohl: Sumpf-Kratzdistel *(Cirsium palustre)*, Wasserdost *(Eupatorium cannabium)*, Echtes Mädesüß *(Filipendula ulmaria)*, Bach-Nelkenwurz *(Geum rivale)*, Gewöhnliche Nachtviole *(Hesperis matronalis*, nachtduftend!), Kuckucks-Lichtnelke *(Lychnis flos-cuculi = Silene flos cuculi)*, Pfennigkraut *(Lysimachia nummularia)*, Gewöhnlicher Gilbweiderich *(Lysimachia vulgaris)*, Blut-Weiderich *(Lythrum salicaria)*, Ross-Minze *(Mentha longifolia)*, Himmelsleiter *(Polemonium caeruleum)*, Großer Wiesenknopf *(Sanguisorba officinalis)* und Echter Baldrian *(Valeriana officinalis)*. Dazu passen Gräser (Wiesen-Kammgras, *Cynosurus cristatus*, Sumpf-Rispengras, *Poa palustris*) und Zwiebelblumen wie die Herbstzeitlose *(Colchicum autumnale)*.

Schmetterlinge lieben den überaus feinen Nektar der Distelblüten, Stieglitze die feinen Samen.

Wintergrün

Wintergrüne Wildstauden sind beispielsweise Kriechende Nelkenwurz *(Geum reptans)* und Gundermann *(Glechoma hederacea)* – dessen essbare Blätter zart nach Minze schmecken – sowie das Kleine Immergrün *(Vinca minor)* für schattige Plätze.

Gräser – natürlich elegant

Filigraner Wuchs, attraktive Blattstrukturen und robuste Genügsamkeit bei gleichzeitig minimaler Pflege. Diese Eigenschaften gehören zu den Vorzügen der verschiedenen Gräser, die im Naturgarten zwischen Stauden, vor Bäumen oder als Solitäre Akzente setzen – manchmal werden sie erst auf den zweiten Blick hin sichtbar.

Die federartigen Blütenstände des hohen Chinaschilfs (*Miscanthus sinensis* 'Graziella') ergeben schöne Gartenbilder.

Längliche, schmale Blätter und feine Halme mit dekorativen Blüten- und Fruchtständen kennzeichnen die Gräser. Sie bedecken weltweit etwa 20 Prozent der Landfläche und bilden damit eine wichtige Pflanzengruppe. Zu ihnen gehören mit den Getreidearten Weizen, Hafer, Roggen, Mais, Reis und Hirse sowie Zuckerrohr und Bambus die wichtigsten Nutzpflanzen der Menschheit. Gräser wachsen fast überall – Grund genug, ihnen auch in Ihrem Naturgarten eine Heimat zu geben.

Im abwechslungsreich angelegten Garten bieten Gräser trotz wenig auffallender Blüten das ganze Jahr über interessante Eindrücke – im Frühjahr das frische Grün der Blätter und Halme, im Sommer die vielfältig strukturierten Blüten- und Samenstände, im Herbst die – bei einigen Arten – attraktiven Blattfärbungen und im Winter die zarten Strukturen, die Tautropfen, Schnee und Raureif in die trockenen Halme und Samenstände zaubern. Bei weit über 1000 verschiedenen Grassorten, die von nur 15 cm hohen Graspolsterpflanzen wie der Wald-Marbel bis zu über 2 m hohen Riesengräsern reichen, fällt die Wahl nicht leicht.

Gräser – ganz schön stark

Damit Gräser gut gedeihen, müssen Sie vor allem die arttypischen Ansprüche an den Standort beachten. Gräser sind ideale Partner für Blumen, Prachtstauden, Rosen und Kräuter. Sie bilden mit ihrem recht einheitlichen Wuchs einen ruhigen Hintergrund für bunte Pflanzen, lockern mit ihrem besonders duftigen Habitus Blumenbeete auf und mildern harte Kanten von Steinen, Wänden oder Wegen dank überhängender Halme ab. Hohe Arten setzen ganz eigene Akzente und können sogar als Sichtschutz an Sitzplätzen oder vor weniger attraktiven Gartenpartien dienen. Niedrige Gräser gehören so wie niedrige Stauden natürlich in den Vordergrund. Damit sie dort auch tatsächlich gut wirken und nicht im Gesamtbild untergehen, sollten Sie sie nicht einzeln, sondern in Gruppen setzen.

Gräser laden Sie auch zu sinnlichen Erlebnissen ein.

- Hören: Es rauscht, wenn der Wind durch die meterlangen Halme fährt.
- Sehen: Formschöne Horste mit grafischem Linienspiel der Halme und bunter Herbstfärbung sind ein optischer Genuss.
- Tasten: Streichelweiche Blütenstände, scharfkantige Halme – Gräser bieten vielfältige Tasterfahrungen
- Riechen: Beim Trocknen entfalten die Blätter des Wohlriechenden Ruchgrases (*Anthoxanthum odoratum*, 30 cm hoch) einen starken Waldmeisterduft.
- Schmecken: Zitronengras *(Cymbopogon citratus)*, das asiatischen Gerichten eine sanft-würzige Zitronennote verleiht, gedeiht (im Topf, weil nicht winterhart) auch in Ihrem Garten.

Für jeden Standort passend

Auf feuchten Böden an halbschattigen bis schattigen Plätzen gedeihen Hainsimsen wie die Wald-Marbel oder deren Schwestern. Auch Seggen *(Carex*-Arten), das Pfeifengras *(Molinia caerulea)* und die Rasen-Schmiele *(Deschampsia cespitosa)* fühlen sich an diesen Plätzen wohl.

In Wassernähe, etwa rund um Ihren Gartenteich, gedeihen Hänge-Seggen *(Carex pendula)* sowie die Ruten-Hirse *(Panicum virgatum)* mit ihrer ockergelben Herbstfärbung. Intensiv rot verfärben sich ab August die Blätter der Sorte 'Rehbraun'. Auch Riesengräser wie Chinaschilf und Goldleistengras *(Spartina pectinata* 'Aureomarginata') eignen sich für feuchtere Standorte. Das stattliche, schilfähnliche Rohr-Glanzgras *(Phalaris arundinacea)*, das die Ufer fließender

Tipp

Die besten Pflanzzeiten für Gräser sind Frühjahr und Herbst.

Staudenbeete wirken besonders durch fein aufeinander abgestimmte Farben, Formen und Höhen bei der Wahl der Pflanzen. Hohe Gräser sind dankbare Partner von bunten Stauden, die in großen Gruppen gepflanzt weithin leuchten.

Streichelpflanzen für Kids

Gräser mit weichen Blütenständen, wie sie etwa das Lampenputzer- oder Federgras besitzen, laden zum Anfassen und Streicheln ein. Setzen Sie doch solche Pflanzen direkt neben den Sandkasten oder auf das Kinderbeet.

und stehender Gewässer besiedelt, ist winterhart, neigt aber dank weitreichender Wurzeln etwas zum Wuchern.

Sonnig und warm mögen es das überaus zierende Lampenputzergras (*Pennisetum alopecuroides*, wird auch Federborstengras genannt), die verschiedenen Federgras-Arten (*Stipa*-Arten) sowie das wunderschöne Wimper-Perlgras (*Melica ciliata*). Sie alle besitzen flaumig weiche Blütenstände, die Sie unbedingt über den Winter stehen lassen müssen. Sonnige Staudenrabatten sind für diese Gräser ideal.

Wenn Ihr Garten in einem Gebiet mit sandigen Böden liegt, können Sie auch einen Trockenrasengarten anlegen. Dies wäre die heimische Variation eines trockenen Steppengartens. Neben Federgräsern finden dort auch Blaues Schillergras (*Koeleria glauca*) und Blau-Schwingel (*Festuca glauca*) Platz. Dazu pflanzen Sie magerbodenliebende Stauden wie Sand-Grasnelken (*Armeria maritima*), Heide-Nelken (*Dianthus deltoides*), Berg-Sandglöckchen (*Jasione montana*), Fetthennen (*Sedum*-Arten) und Acker-Hornkraut (*Cerastium arvense*) – und schon haben Sie ein Biotop geschaffen für Wild- und Sandbienen.

Empfehlenswerte Ziergräser

Name	Höhe	Blütezeit	Standort	Eigenschaften
Zittergras (*Briza media*)	20 – 40 cm	Mai bis Juni	☼, trocken, nährstoffarm	zierliche Rispen mit herzförmigen Blüten, hübsch im Blumenstrauß
Vogelfuß-Segge (*Carex ornithopoda*)	bis zu 15 cm	April bis Juni	●, feucht	kleine Horste, kompakter Blütenstand weißbunte Sorte 'Variegata'
Hänge-Segge (*Carex pendula*)	60 – 100 cm	Mai bis Juni	☼ – ◑, frisch bis feucht, nährstoffreich	breite Halme, überhängende, lange Blütenstände, vor Gehölze pflanzen
Rasenschmiele (*Deschampsia cespitosa*)	bis zu 100 cm	Juli bis August	☼ – ◑, trocken bis feucht, nährstoffarm	grazile Halme mit lockeren Blütenrispen, anfangs grün, später goldgelb, wintergrün, gute Sorten 'Tauträger', 'Tardiflora'
Blaues Schillergras (*Koeleria glauca*)	20 – 35 cm	Juni bis Juli	☼, trocken, nährstoffarm gut durchlässig	blaugraue Halme, wintergrün, verträgt Trockenheit, anspruchslos
Wald-Marbel, (*Luzula sylvatica*)	30 – 90 cm	Juni bis Juli	●, feucht, humusreich	breite Halme, doldenartige Blütenstände, wintergrün, bildet Teppich
Chinaschilf (*Miscanthus sinensis*)	100 – 150 cm	September bis Oktober	☼, mäßig trocken bis frisch, nährstoffreich	schilfähnliches Riesengras, federartige Blütenstände, nicht zuverlässig winterhart
Pfeifengras (*Molinia caerulea*)	30 – 200 cm	Juli bis August	☼, trocken	dichte Horste, mit bis zu 40 cm langen Blütenrispen, knotenlose Stängel, gute Sorte 'Moorhexe'
Ruten-Hirse (*Panicum virgatum*)	60 – 100 cm	August bis September	☼, frisch bis trocken, nährstoffreich	lockere Blütenrispen, attraktive Herbstfärbung
Lampenputzergras (*Pennisetum alopecuroides*)	60 – 80 cm	August bis September	☼, gleichmäßig feucht, durchlässig	hübsche Horste, dekorative, Blütenstände, alle paar Jahre teilen, um Blüte zu fördern
Goldleistengras (*Spartina pectinata* 'Aureomarginata')	130 – 150 cm	August bis September	☼, frisch bis feucht, nährstoffreich	Riesengras, Horste mit überhängenden, goldgelb geränderten Halmen, treibt Ausläufer, hitzeverträglich
Federgras (*Stipa pennata*)	bis zu 60 cm	Juni	☼, trocken, nährstoffarm	aufrechte Halme, Blütenrispen mit bis zu 30 cm langen Grannen

☼ = sonnig, ◑ = halbschattig, ● = schattig

Gräser (Schwingel, Pfeifengras, Seggen, Hainsimsen) bilden auch das Gerüst für den naturnahen Heidegarten, in dem Ginster *(Genista)*, Wildrosen, Heidelbeeren *(Vaccinium)*, Besenheide *(Calluna)*, Krähenbeeren *(Empetrum)* und natürlich die namensgebenden Heidekräuter *(Erica)* gedeihen.

Gräser als Blickfang

Hohe Arten wie das Chinaschilf *(Miscanthus sinensis)* sind prächtige Ziergräser, die als Solitär, als Sichtschutz in größeren Gruppen oder als Hintergrund für Rosen beeindruckende Gartenbilder inszenieren. Sie gedeihen auf allen nährstoffreichen Gartenböden und brauchen Platz, um zu wirken.

Ein bisschen Pflege muss sein

Erst im Frühjahr erfolgt der Rückschnitt, rechtzeitig vor dem Neuaustrieb. Dann können Sie die Grashorste auch durch Teilung vermehren. Schenken Sie doch die überzähligen Gräser netten Menschen im Familien-, Freundes- oder Nachbarschaftskreis. Blau-Schwingel, Chinaschilf und manch andere Gräser säen sich an zusagenden Standorten von selbst aus. Hier sollten Sie hin und wieder die Sämlinge sichten und ein Zuviel entfernen. Während sommerlicher Trockenperioden muss man Gräser gießen.

Gräser, die zum Wuchern neigen, können Sie in Spezialfolie pflanzen. Sie verhindert das ungewünschte Ausbreiten. Eine solche Rhizomsperre ist vor allem im Bereich eines Gartenteichs wichtig, um die empfindliche Teichfolie zu schützen.

Lassen Sie die Gräser über den Winter stehen und schneiden Sie sie erst im Frühjahr vor dem Neuaustrieb eine Handbreit über dem Boden ab. Das hat viererlei Vorteile:

- Viele Gräser sind im Winter äußerst dekorativ.
- Insekten, Spinnen und andere Tiere finden während der kalten Jahreszeit Unterschlupf in den Büscheln.
- Vögel ernähren sich von den feinen Samen.
- Und ganz wichtig: Die empfindlichen Horste sind vor eindringender Nässe und Frost geschützt.

■ Herrlich flauschig sind die Blüten des Federgrases dank der überlangen Grannen.

■ Die goldgelben Herbstfarben unterstreicht das hohe Reitgras auf seine Weise.

■ Selbst wenn der Blühhöhepunkt vorbei ist, sind hohe Gräser weiterhin von hohem Zierwert.

Bunte Zwiebel- und Knollenblumen

Krokus, Schneeglöckchen, Tulpe und Co. erwecken mit ihrem zeitigen Blütenflor den Garten aus der Winterruhe. Doch auch im Sommer und Herbst setzen die Zwiebelblumen farbfrohe Akzente im Naturgarten.

■ Wenn die Schneeglöckchen und gelben Winterlinge erblühen, steht der Frühling vor der Tür, selbst wenn es doch noch einmal schneien sollte.

Die mehrjährigen Zwiebel- und Knollenpflanzen speichern ihre Nähr- und Reservestoffe in der namensgebenden Zwiebel oder Knolle. Die meiste Zeit des Jahres ruhen diese Pflanzen, die Vegetationszeit ist meist recht kurz. Während die meist winterharten Zwiebelblumen im zeitigen Frühjahr blühen, öffnen die meist nicht winterharten Knollenblumen ihre Blüten erst im Sommer oder Herbst.

Obwohl die meisten im Handel erhältlichen Blumenzwiebelarten nicht heimisch sind, bereichern Zwiebel- und Knollenblumen den Naturgarten optisch und auch ökologisch. Viele Arten vermehren sich zudem durch Selbstaussaat von alleine und bringen eine spannende Dynamik in die Gestaltung von Beeten, Rabatten und Grünflächen.

Den Frühling gestalten

Am eindrucksvollsten kommen Zwiebelblumen auf dem Frühlingsbeet zur Geltung, wenn Sie sie in größeren Gruppen oder sogar auf größeren Flächen pflanzen. Am besten verwendet man dieselbe Sorte oder dieselben Farbschattierungen, denn dann haben Sie die Gewähr, dass die Blumen auch gleichzeitig blühen. Setzen Sie mindestens 20 Zwiebeln zusammen, auf großen Flächen auch 50 und mehr Zwiebeln derselben Sorte.

Lustige Stimmung verbreitet ein Beet mit einer frühlingsbunten Mischung aus Zwiebelblumen in vielen Farben und vielerlei Formen. Doch auch hier gilt: Setzen Sie die Zwiebeln nicht vereinzelt ins Beet, sondern so wie die Profis. Verteilen Sie Zwiebelblumen nicht gleichmäßig über die Fläche, sondern stets in größeren Gruppen. Natürlich wirkt ein etwa linealbreiter Streifen von Zwiebelblumen, der sich zwischen blühenden Stauden und Sträuchern hindurchschlängelt. Ein alter Trick ist, die Zwiebeln auszuwerfen und dort zu pflanzen, wo sie fallen. Ganz unnatürlich wirken Zwiebelblumen, wenn man sie kerzengerade in eine Reihe setzt.

Gute Partner für die Frühlings-Zwiebelblumen sind auch zweijährige Sommerblumen wie Goldlack *(Erysimum)*, Vergissmeinnicht *(Myosotis)* und Tausendschön *(Bellis)* oder immergrüne Stauden und Gräser mit hübschen Blättern, wie etwa Steinbrech *(Saxifraga)* und Seggen *(Carex)*.

Zwiebelblumen sind nach dem Verblühen nicht mehr so ansehnlich. Die Blätter verwelken, werden gelb, dürfen aber noch nicht entfernt werden. Die entstehenden Lücken im Beet können Sie durch das Vorpflanzen dicht wachsender Stauden wie Katzenminze *(Nepeta cataria)*, Kissen-Astern *(Aster*-Dumosus-Hybriden), Storchschnabel *(Geranium*-Arten), Funkien *(Hosta*-Hybriden), Frauenmantel *(Alchemilla vulgaris)* oder Taubnessel *(Lamium*-Arten) kaschieren.

In Gebieten mit Weinklima bilden Wild-Tulpen *(Tulipa sylvestris)* und Weinbergs-Traubenhyazinthen *(Muscari racemosum)* ein hübsches Frühlingsbeet, das der Natur abgeguckt wurde. Dazu passen Doldiger Milchstern *(Ornithogalum umbellatum)*, Deutsche Schwertlilie *(Iris germanica)*, verschiedene Zier-Lauch-Arten (z. B. *Allium oleraceum*, *A. scorodoprasum* subsp. *rotundum*, *A. vineale)*, Ranken-Platterbse *(Lathyrus aphaca)* und Rundblättriger Storchschnabel *(Geranium rotundifolium)*.

Die schönsten heimischen Zwiebel- und Knollenblumen

Für das zeitige Frühjahr:
- Schneeglöckchen *(Galanthus nivalis*, Z)
- Märzenbecher *(Leucojum aestivum, L. vernum*, Z)
- Krokus-Arten *(Crocus tommasinianus, C. vernus*, K)

Für Spätfrühling bis Frühsommer:
- Anemonen *(Anemone nemorosa, A. ranunculoides*, K)
- Scharbockskraut *(Ranunculus ficaria*, K)
- Lerchensporn *(Corydalis cava, C. solida*, K)
- Winterling *(Eranthis hyemalis*, Z)
- Schachbrettblume *(Fritillaria meleagris*, Z)
- Hasenglöckchen *(Hyazinthoides non-scripta*, Z)
- Traubenhyazinthen *(Muscari*-Arten, Z)
- Narzissen *(Narcissus pseudonarcissus*, Z)
- Milchstern *(Ornithogalum nutans, O. umbellatum*, Z)
- Blaustern *(Scilla bifolia*, Z)
- Tulpen *(Tulipa sylvestris*, Z)

Für Sommer bis Herbst:
- Zier-Lauch *(Allium carinatum* subsp. *pulchellum, A. sphaerocephalon, A. vineale*, Z)
- Lilie *(Lilium martagon*, Z)
- Gladiole *(Gladiolus palustris*, K)
- Herbstzeitlose *(Colchicum autumnale*, Z)

(Z = Zwiebelblume, K = Knollenblume)

Gerade auf Rasenflächen können Krokusse wahre Blütenteppiche bilden. Die Flächen werden erst gemäht, wenn die Blätter braun geworden sind.

Tipp
In nassen Böden gedeihen Narzissen besser als Tulpen, deren Zwiebeln empfindlich gegenüber Nässe sind.

Manche Zwiebelblumen wie Blaustern, Krokusse, Märzenbecher, Schneeglöckchen, Traubenhyazinthen, kleine Wildtulpen und Winterlinge neigen dazu, an ihnen zusagenden Standorten, etwa auf Rasenflächen, zu verwildern. Jahr für Jahr breiten sie sich mehr aus und entzücken mit ihrem herrlichen Anblick. Warten Sie auf diesen Flächen mindestens sieben Wochen lang nach dem Verblühen, bis Sie das erste Mal mähen. Dann haben die Zwiebelblumen genügend Zeit, ihre Blätter einziehen zu lassen.

Sommer und Herbst gestalten

Die sommerblühenden Zwiebel- und Knollenblumen setzen die Farbakzente während der heißen Jahreszeit bis in den ausgehenden Herbst hinein fort. Lilien und Zier-Lauch-Arten, beide winterhart und pflegeleicht, überraschen durch ihre Vielfalt und bereichern Blumenbeete, Rabatten und sogar den bäuerlichen Gemüsegarten. Während Lilien eher schattige Plätze bevorzugen – wie wäre es mit einer heimischen Türkenbund-Lilie vor Bäumen und Sträuchern? – wollen Zier-Lauch-Arten lieber in der vollen Sonne stehen. Gladiolen lassen sich gut für die Vase schneiden und passen gut ins Blumenstraußbeet zu den Sommerblumen (siehe Seite 63).

Einkaufen und pflanzen

Achten Sie beim Kauf von Blumenzwiebeln darauf, dass es sich um keine Wildentnahmen aus der freien Natur (Türkei, Chile, Ungarn, Rumänien, Georgien, China etc.) handelt. Die Zwiebeln sollten von Menschenhand durch Saatgut, Brut-

Frühlings-Zwiebelblumen für verschiedene Standorte

Standort	Art	Zwiebeln pro m²	
		Flächenpflanzung	Mischpflanzung mit Stauden
für sonnige Flächen und Steingärten	Krokus (*Crocus*-Arten)	50 – 75	20 – 35
	Narzisse (*Narcissus*-Arten und -Sorten)	25 – 50	12 – 25
	Schachbrettblume (*Fritillaria meleagris*)	100	40 – 50
	Traubenhyazinthe (*Muscari armeniacum*)	100 – 150	40 – 50
	kleine Wild-Tulpen (*Tulipa sylvestris*)	60	25
für extensive Dachbegrünung	verschiedene Zier-Lauch-Arten (*Allium*)	25 – 50	12 – 20
unter sommergrünen Bäumen und Sträuchern	Blaustern (*Scilla siberica*)	100	30
	Krokus (*Crocus*-Arten)	50 – 75	20 – 35
	Milchstern (*Ornithogalum umbellatum*)	20 – 25	7
	Narzisse (*Narcissus*-Arten und -Sorten)	25 – 50	12 – 25
	Schachbrettblume (*Fritillaria meleagris*)	100	40 – 50
	Maiglöckchen (*Convallaria majalis*)		
für schattige Plätze	Busch-Windröschen (*Anemone nemorosa*)	75	30
	Hasenglöckchen (*Hyacinthoides hispanica*)	40	20
	Lerchensporn (*Corydalis solida*)	50	20
	Märzenbecher (*Leucojum veruum*)	30	15
	Schneeglöckchen (*Galanthus nivalis*)	150	25 – 30
	Winterling (*Eranthis hyemalis*)	50 – 75	20 – 30
	Aronstab (*Arum maculatum*)		

Topfkultur
In Gefäßen und Blumenkübeln können Sie die Zwiebeln auch in Etagen pflanzen: Die größten kommen in die unteren Erdschichten, die kleineren versetzt darüber in die höheren Bodenschichten.

zwiebeln und Zwiebelschuppen oder über Verwilderungen vermehrt worden sein. Dies ist ziemlich sicher der Fall bei Schneeglöckchen (*Galanthus nivalis*, nur bei dieser Art!), Traubenhyazinthe sowie Blaustern. Wählen Sie beim Kauf stets die größeren Zwiebeln, denn sie bringen auch üppigere Blüten hervor.

Von September bis November ist die beste Zeit, um die im Frühjahr blühenden Zwiebelblumen zu setzen, während die im Sommer blühenden Arten erst zwischen März und Mai gepflanzt werden. Die richtige Pflanztiefe für Zwiebeln und Knollen ist die doppelte Zwiebel- bzw. Knollendicke. Über der Zwiebel oder Knolle sollte sich eine doppelt so hohe Erdschicht befinden, wie die Zwiebel- oder Knolle dick ist. Die Spitze weist stets nach oben.

In schweren Böden, in denen das Wasser schlecht abfließt, sollten Sie vor der Pflanzung eine 3 bis 5 cm dicke Drainageschicht aus Sand oder Kies in den Boden einbringen. Dann können die Zwiebeln nicht faulen.

Pflanzen Sie die Zwiebeln auch stets gruppenweise: Bei kleinen Zwiebeln sollten es mindestens 20, bei Tulpen und Narzissen mindestens zehn und bei großwüchsigen Arten drei bis fünf Pflanzen sein. In Gegenden, in denen Wühlmäuse häufig vorkommen, können Sie die Zwiebeln zum Schutz vor Fraßschäden auch in speziellen Pflanzkörben setzen.

Ein wenig Pflege muss sein

Nach dem Verblühen dürfen Sie die welkenden Blätter nicht sofort abschneiden, denn die darin enthaltenden Nährstoffe müssen erst in die Zwiebel zurückgeholt und als Vorrat für die nächste Blühsaison eingelagert werden. Erst wenn das Laub braun und völlig trocken geworden ist, kann es entfernt werden.

Um Fäulnis zu vermeiden, werden Zwiebel- und Knollenpflanzen nur zurückhaltend gegossen. Hohe Arten können Sie auch an Bambus- oder Holzstäben aufbinden, damit sie nicht umknicken.

■ Wegen des veilchenähnlichen Blütendufts heißt der Märzenbecher auch »weißes Veilchen«.

■ Auf feuchten Böden bilden die himmelblauen Blütensterne des Blausterns große Bestände.

■ Schon von Weitem nimmt man den strengen Knoblauchduft des Bärlauchs wahr.

Farbenfrohe Sommerblumen

Sie sind die wahren Stars auf der Bühne des Naturgartens: Die ein- und zweijährigen Sommerblumen bringen rasch und unkompliziert Farbe in Beete und Rabatten und überziehen Wände im Nu mit ihrem bunten Gewand.

Sonnenblumen liefern wertvolle Vogelnahrung, schon die milchreifen Samen werden oft von Grünfinken geplündert – ein Grund für viele Sonnenblumen, etwa am Gartenzaun entlang.

Die einjährigen Sommerblumen sind die flexibelsten Pflanzenpartner für Ihren Naturgarten: Im Frühjahr ausgesät, kommen sie schon kurz darauf zur Blüte, bilden Samen und sind im auslaufenden Herbst schon wieder verschwunden. Sommerblumen geben Ihrem Garten Jahr für Jahr ein neues Gesicht, setzen Farbakzente – sie sind die Accessoires Ihres Gartens. Weitere Pluspunkte: einfache Anzucht, reiche Blüte und schlichter Charme.

Sommerblumen gibt es in kaum überschaubarer Vielfalt. Sie passen überall hin, wo Sie Farbtupfer wünschen, sind Lückenfüller in Staudenbeeten, bunte Vordergründe vor Sträuchern und Immergrünen, Nachfolger von frühlingsblühenden Zwiebelblumen oder einladende Blütentuffs im Vorgarten. Kletternde Arten bieten sich als perfekte Sichtschutzpflanzen an, die Gartenzäune, Terrassengeländer, Spaliere und Rankgerüste in Windeseile erklimmen und ungewollte Ein- und Ansichten verhindern.

Schöne Idee: Ein Kindertipi aus Bohnen- oder Bambusstangen wird durch rankende Kapuzinerkresse *(Tropaeolum majus)*, Glockenrebe *(Cobaea scandens)*, Schwarzäugige Susanne *(Thunbergia alata)* oder Prunkwinde *(Ipomoea purpurea)* erst richtig zum blickgeschützten Spielort. Sommerblumen bringen auch Leben auf eintönige Hof- und Pflasterflächen, denn in den ausgekratzten Fugen können Sie Blaue Gänseblümchen *(Brachyscome iberidifolia)*, Elfenspiegel *(Nemesai strumosa)* und andere kleine Sommerblumen aussäen.

Ein weiteres Plus: Sommerblumen sind ideale Einsteigerpflanzen für Kinder und Menschen, die bisher wenige Erfahrungen mit Pflanzen machen konnten. Denn die einfache Anzucht der unkomplizierten Pflanzen gelingt einfach jedem.

Wichtig fürs gute Gedeihen: Alle Sommerblumen, außer den schattenliebenden Fleißigen Lieschen *(Impatiens*-Sorten), fühlen sich an sonnigen Plätzen wohl, manche dulden auch halbschattige Standorte.

Frühstart mit Vorkultur

Da einjährige Sommerblumen in einem Jahr ihre gesamte Entwicklung vom Keimen über das Blühen bis zur Samenbildung vollziehen, müssen Sie diese jedes Jahr erneut aussäen. Viele können Sie direkt ins Freiland an Ort und Stelle aussäen (Angaben auf den Samentütchen beachten). Andere sollten schon ab Ende Januar in Saatschalen auf der Fensterbank oder in einem Gewächshaus vorgezogen werden. Besorgen Sie sich daher gesundes Saatgut schon Anfang des Jahres. Auf Wochenmärkten, in Pflanzen- und Gartencentern werden im Frühjahr auch vorgezogene Sommerblumen zum Auspflanzen angeboten.

Vorkultur am hellen Platz ohne direkte Sonneneinstrahlung:

- im Januar/Februar bei ca. 20 °C: Eisbegonie *(Begonia semperflorens)*, Glockenrebe *(Cobaea scandens)*, Fleißiges Lieschen *(Impatiens*-Sorten), Pantoffelblume *(Calceolaria integrifoha)*, Levkoje *(Matthiola incana)*, Elfenspiegel *(Nemesia strumosa)*, Ziertabak *(Nicotiana alata)*, Petunie *(Petunia*-Sorten), Ringelblume *(Calendula officinalis)*, Schwarzäugige Susanne *(Thunbergia alata)* und Zier-Salbei *(Salvia*-Arten); kühler bei nur rund 15 °C wollen es das Löwenmäulchen *(Antirrhinum majus)* und die Gauklerblume *(Mimulus luteus)*.
- ab März/Anfang April: Leberbalsam *(Ageratum houstonianum = A. mexicanum)*, Sommeraster *(Callistephus chinensis)*, Spinnenblume *(Cleome hassleriana)*, Nelken *(Dianthus caryophyllus)*, Strohblume *(Helichrysum bracteatum)*, Vanilleblume *(Heliotropium arborescens)*, Männertreu *(Lobelia erinus)*, Flammenblume *(Phlox drummondii)*, Sonnenhut *(Rudbeckia hirta)*, Husarenknopf *(Sanvitalia procumbens)*, Skabiose *(Scabiosa atropurpurea)*, Studentenblume *(Tagetes*-Arten), Eisenkraut *(Verbena*-Sorten) und Zinnie *(Zinnia elegans)*.

Nach der Keimung können Sie die jungen Pflänzchen auch an einen etwas kühleren Platz stellen, ausreichend Licht ist der entscheidende Faktor.

Um die Pflanzen abzuhärten und für ihre Zeit im Freien vorzubereiten, ist es günstig, wenn Sie sie ab Mitte April ins Frühbeet setzen oder an milden, bewölkten Tagen nach draußen stellen. Abends bringen Sie die zarten Jungpflanzen wieder nach drinnen oder schützen sie in kalten Nächten gut mit einer Abdeckung. Nach den Eisheiligen Mitte Mai pflanzen Sie die vorgezogenen Sommerblumen nach draußen.

Direkt ins Freiland

Robustere und schnell wachsende Sommerblumen können Sie ab April/Mai auch direkt ins Freiland säen. Dazu lockern Sie das Erdreich etwas auf und rechen es anschließend fein.

Der Wind trägt die feinen, weit fliegenden Löwenzahnsamen davon. Auch sie sind eine bei Girlitz, Stieglitz, Zeisigen und anderen Vögeln beliebte Kost.

■ Kosmeen sind anspruchslose, aber rundum attraktive Bauerngartenblumen.

■ Kornblumen wuchsen früher auf jedem Weizenfeld – und heute?

■ Bildhübsch, sattrot, aber nichts für Blumensträuße – der Klatschmohn.

Die Samen streuen Sie dann fein aus, klopfen sie mit dem Rechen leicht fest und überbrausen sie vorsichtig mit der Gießkannentülle. Von dicken Samen wie etwa Sonnenblumen oder Feuerbohnen legen Sie jeweils zwei bis drei in Rillen oder Kuhlen und bedecken sie mit so viel Erdboden, wie die Samen dick sind. Wenn die Samen gekeimt haben, entfernen Sie zu dicht stehende Pflanzen. Das tut den heranwachsenden Blumen gut.

Bunte Sommerblumen für die Direktaussaat

- Weiße Blüten: Schleierkraut *(Gypsophila elegans)*, Schleifenblume *(Iberis sempervirens)*, Duftsteinrich *(Lobularia maritima)*
- Gelbe und orangefarbene Blüten: Ringelblume *(Calendula officinalis)*, Mädchenauge *(Coreopsis tinctoria)*, Zier-Kürbis *(Cucurbita pepo)*, Goldmohn *(Eschscholzia californica)*, Kokardenblume *(Gaillardia pulchella)*, Sonnenblume *(Helianthus annuus)*, Feuerbohne *(Phaseolus coccineus)*, Kapuzinerkresse *(Tropaeolum majus)*
- Rosa und rote Blüten: Sommerazalee *(Clarkia amoena)*, Duft-Wicke *(Lathyrus odoratus)*, Mohn *(Papaver rhoeas)*
- Blaue und violette Blüten: Kornblume *(Centaurea cyanus)*, Bienenfreund *(Phacelia tanacetifolia)*, Prunkwinde *(Ipomea purpurea)*
- Bunte Blüten: Borretsch *(Borago officinalis)*, Wucherblume *(Chrysanthemum carinatum)*, Schmuckkörbchen *(Cosmos bipinnatus)*, Jungfer im Grünen *(Nigella damascena)*
- Alle kletternden Sommerblumen

Samen fürs nächste Jahr

Sommerblumen bilden im ersten beziehungsweise zweiten Jahr Samen aus. Von den schönsten und robustesten Blumen können Sie die Samen sammeln und an einem trockenen Platz über den Winter lagern, um sie im nächsten Jahr gezielt auszusäen. Manche Sommerblumen wie Vergissmeinnicht *(Myosotis sylvatica)*, Jungfer im Grünen *(Nigella damascena)*, Ringelblumen *(Calendula offiicinalis)* und Silberblatt *(Lunaria annua)* säen sich auch selbst aus und keimen an zusagenden Standorten auch im kommenden Jahr.

Ein Blumenstraußbeet

Mit einem Blumenstrauß bringen Sie ein Stück Ihres Naturgartens in die Wohnung. Einjährige Sommerblumen eignen sich ganz besonders dazu. Die besten heimischen Schnittblumen für das Blumenstraußbeet sind Kornrade *(Agrostemma githago)*, Saatwucherblume *(Chrysanthemum segetum)*, Ackerrittersporn *(Consolida regalis)*, Bittere Schleifenblume *(Iberis amara)*, Flachs *(Linum usitatissimum)*, Silberblatt (*Lunaria annua*, schattenliebend), Klatschmohn *(Papaver rhoeas)*, Nelken-Leimkraut *(Silene armeria*, robust und sehr schön) sowie Kuhkraut (*Vaccaria hispanica)*. Weitere Blumen finden Sie in der Tabelle unten.

Unentbehrliche Zweijährige

Sie bilden im Aussaatjahr nur Blätter, Blüten folgen erst in der nächsten Saison. Viele Zweijährige sind für einen Winterschutz dankbar, mit Fichtenreisig abdecken. Wer sie noch im selben Jahr blühen sehen will, besorgt sich am besten vorgezogene Pflanzen im Gartencenter.

Stolze Pracht

Sonnenblumen sind herrliche Blumen! Einfach im Frühjahr Sonnenblumenkerne in den Boden stecken, mit großer Sicherheit entwickeln sich daraus prächtige Pflanzen. Sie passen zum Beispiel entlang dem Gartenzaun, als Sichtschutz vor den Kompost, vor eine wilde Ecke oder vor weniger attraktive Wände.

Die besten ein- und zweijährigen Schnittblumen

Name	Höhe	Blütezeit und -farbe	Kultur/Standort	Wissenswertes
Ringelblume *(Calendula officinalis)*	30 – 50 cm	Juni bis Oktober, gelb, orange	Direktaussaat im April und Mai ☼ – ◑	Korbblüten, keimt rasch, sehr robust, sät sich selbst aus, Bauernblume
Kornblume *(Centaurea cyanus)*	40 – 100 cm	Juni bis September, blau, rosa, weiß	Direktaussaat ab März ☼	Korbblüten, in der Vase lange haltbar, Landflair
Garten-Rittersporn *(Consolida ajacis)*	60 – 100 cm	Juni bis Oktober, blauviolett	Direktaussaat im März und April ☼ – ◑	nicht zu dicht säen, aufrechte Blütenkerzen
Kosmee, Schmuckkörbchen *(Cosmos bipinnatus)*	bis zu 150 cm	Juli bis September, weiß, rosa, weinrot	Direktaussaat von April bis Mai ☼ – ◑	Korbblüten, anspruchslos, mäßig düngen
Sonnenblume *(Helianthus annuus)*	40 – 300 cm	Juli bis Oktober, gelb, rotbraun	Direktaussaat von April bis Juni 2–3 Samen zusammen ☼	Korbblüten, abgeblühte Sonnenblumen als Nahrung für Vögel stehen lassen
Bechermalve *(Lavatera trimestris)*	50 – 120 cm	Juni bis Oktober, weiß, rosa, weinrot	Direktaussaat von März bis April ☼	Trichterblüten, in der Vase lange haltbar; gut zu blauen, rosa oder weißen Stauden
Bartnelke *(Dianthus barbatus)*	20 – 60 cm	Mai bis August, weiß, rosa, rot, auch zweifarbig	Direktaussaat von Mai bis Mitte Juli pflanzen ab September ☼	zweijährig, duftet, braucht Winterschutz, sät sich selbst aus, in Gruppen pflanzen, in der Vase lange haltbar
Goldlack *(Erysimum cheiri)*	bis zu 75 cm	April bis Juli, gelb, orange, braun	Direktaussaat von Juni bis Juli, pflanzen ab September oder im Frühjahr ☼	zweijährig, duftet, braucht Winterschutz, herrlicher Frühjahrsblüher, auch für die Vase
Marien-Glockenblume *(Campanula medium)*	bis zu 70 cm	Mai bis Juli, blau, rosa, weiß	Direktaussaat von April bis Juni Lichtkeimer, pflanzen im September ☼	zweijährig, Glockenblüten, Bauernblume, verträgt keine Staunässe

☼ = sonnig, ◑ = halbschattig, ● = schattig

Blumenrasen und Blumenwiese

Dort, wo einst ein eintöniger Rasen wuchs, wogt nun ein Meer aus Wildblumen. Mit einem Blumenrasen oder einer Blumenwiese wird dieser Naturgartentraum auch in Ihrem Garten wahr.

Zugegeben, als Spielwiese für Kinder ist ein trittfester, begehbarer Rasen unverzichtbar. Aber rasch werden die Kinder größer – und dann? Dann wandeln Sie sukzessive den Rasen in eine Blumenwiese um. Das geht so: Verzichten Sie auf den Einsatz von (Stickstoff-)Düngern, Herbiziden und Bewässerung, die nachteilig für das Gedeihen der Blumen sind. Außerdem sollten Sie in der Umstellungsphase konsequent den Rasenschnitt entfernen, um dem Boden die Nährstoffe zu entziehen.

Den Bestand an Wildblumen können Sie von Anfang an durch Einsaat von Wildblumensamen erhöhen. Dazu vertikutieren Sie den dichten Rasen nach dem Schnitt mit einem Vertikutierrechen, damit Lücken entstehen, oder Sie entfernen an verschiedenen Stellen die Grasnarbe. In den kleinen oder großen Lücken wird ausgesät und die Saat in den nächsten fünf bis sechs Wochen feucht gehalten. Auch das Pflanzen von Wildstauden und Blumenzwiebeln, die zum Verwildern neigen, wie Blaustern, Krokus, Scharbockskraut und Schneeglöckchen, ist in den Rasenlücken möglich. Evtl. müssen Sie Neueinsaaten und Pflanzungen auch im zweiten Jahr nochmals wiederholen. Danach wird nur noch zweimal im Jahr (in der zweiten Junihälfte und im September) mit der Sense gemäht. Wildblumen, die dann besonders attraktiv blühen, lassen Sie einfach stehen.

Bunter Rasen mit Blumen

Auf noch einfachere Weise reichern Sie den Rasen mit Blumen an, wenn Sie ihn 10 bis 12 cm hoch mähen. Dann können sich zwar keine Blumen ausbreiten, die größere Wuchshöhen haben, aber niedrig wachsende Blumen, wie

Blumenwiesen müssen keine Flächen bedecken, auch als Wegrandstreifen machen sie sich gut. So begleiten roter Klatschmohn, blauer Bienenfreund und gelber Senf einen Weg, der durch den Garten führt.

Ehrenpreis, Gänseblümchen, Günsel, Hornkraut, Hundsveilchen, Löwenzahn, Schlüsselblumen, Weiß-Klee und viele andere, machen aus dem einst grünen Teppich einen bunten Blumenrasen. Diesen mähen Sie nur vier- bis sechsmal im Jahr (zum Beispiel, wenn attraktive Wildblumen verblüht sind). Ist der Boden abgemagert, so lassen Sie den Rasenschnitt liegen. Er ist die einzige Düngung im Jahresverlauf.

Eine Blumenwiese anlegen

Mit ihrer üppigen Vielfalt an Wildblumen und Gräsern bietet die Blumenwiese vielen Insekten- und Spinnenarten eine Heimat, ist aber kaum zum Betreten und gar nicht als Spielfläche geeignet. Die Neuanlage dauert etwa genauso lange wie die Umstellung einer Rasenfläche auf eine Blumenwiese. Ein Vorteil ist jedoch: Sie können von Anfang an den Boden so weit abmagern, dass er den Ansprüchen der meist magerboden- und trockenheitsliebenden Wildblumen entspricht. Dazu mischen Sie reichlich Sand und feinen Kies unter einen nährstoffreichen Boden, dessen oberste Schicht (10 bis 15 cm tief) aufgelockert wird. Entfernen Sie dabei auch größere Steine, damit Sie die Blumenwiese problemlos mit der Sense mähen können. Auch die Wurzeln von starkwüchsigen Wildkräutern wie Quecke werden beseitigt. Für den Boden ist es günstig, wenn Sie dann noch stark zehrende Gründüngungspflanzen wie Phazelia oder Sonnenblumen einsäen, die Sie vor dem Aussäen der Wildblumen (siehe Kasten) abräumen.

Für eine Fläche von 100 m² benötigen Sie nur 150 bis 400 g Saatgut (100 bis 250 g Gräser, 50 bis 150 g Wildblumen), damit die Blumenwiese luftig und nicht zu dicht heranwächst. Dadurch können sich alle Arten gut entwickeln und die Abstände bieten zudem genügend Raum für Samen, die im Boden ruhen oder neu anfliegen. Die günstigsten Aussaatzeiten sind windstille Tage im Frühjahr (April), evtl. auch noch im Spätsommer bis zum Herbst. Der Boden darf nicht zu nass, aber auch nicht zu trocken sein. Nach der Aussaat wird der Boden mit Brettern festgetreten oder angewalzt und danach gleichmäßig feucht gehalten. Wenn die Pflanzen etwa sechs bis acht Wochen nach der Aussaat 8 bis 10 cm hoch sind, mähen Sie zum ersten Mal, danach alle zwei Monate und ab dem zweiten Jahr dann nur noch zweimal, im Juni und September.

Pflanzen für die Blumenwiese

Anstelle von Saatmischungen können Sie die Samen der Wildblumen auch selbst zusammenstellen. Diese niedrigwüchsigen Pflanzen, die gut auf verschiedenen Standorten gedeihen, empfiehlt die Gartenakademie Rheinland-Pfalz:

Gräser: Aufrechte Trespe *(Bromus erectus* subsp. *erectus)*, Schaf-Schwingel *(Festuca ovina)*, Rot-Schwingel *(Festuca rubra)*, Flaches Rispengras *(Poa compressa)* und Wiesen-Rispengras *(Poa pratensis)*; außerdem möglich Ruchgras *(Anthoxanthum odoratum)*, Zittergras *(Briza media)*, Wiesen-Kammgras *(Cynosurus cristatus)*, Haar-Schwingel *(Festuca filiformis)* und Wiesen-Goldhafer *(Trisetum flavescens)*

Blumen: Schafgarbe *(Achillea millefolium)*, Knäuel-Glockenblume *(Campanula glomerata)*, Wiesen-Glockenblume *(Campanula patula)*, Rundblättrige Glockenblume *(Campanula rotundifolia)*, Wiesen-Kümmel *(Carum carvi)*, Wiesen-Flockenblume *(Centaurea jacea)*, Skabiosen-Flockenblume *(Centaurea scabiosa)*, Wiesen-Pippau *(Crepis biennis)*, Karthäuser-Nelke *(Dianthus carthusianorum)*, Heide-Nelke *(Dianthus deltoides)*, Wiesen-Labkraut *(Galium album)*, Echtes Labkraut *(Galium verum)*, Johanniskraut *(Hypericum perforatum)*, Acker-Witwenblume *(Knautia arvensis)*, Wiesen-Platterbse *(Lathyrus pratensis)*, Wiesen-Margerite *(Leucanthemum vulgare)*, Hornklee *(Lotus corniculatus)*, Esparsette *(Onobrychis vicifolia)*, Pastinak *(Pastinaca sativa)*, Kleine Bibernelle *(Pimpinella saxifraga)*, Spitz-Wegerich *(Plantago lanceolata)*, Kleine Brunelle *(Prunella vulgaris)*, Scharfer Hahnenfuß *(Ranunculus acris)*, Klappertopf *(Rhinanthus major)*, Wiesen-Sauerampfer *(Rumex acetosa)*, Wiesen-Salbei *(Salvia pratensis)*, Kleiner Wiesenknopf *(Sanguisorba minor)*, Rote Lichtnelke *(Silene dioica)*, Kuckucks-Lichtnelke *(Silene flos-cuculi)*, Wiesen-Bocksbart *(Tragopogon pratensis)*

Einladend

Blumenwiesen bieten rund 1500 verschiedenen Insekten- und Spinnenarten einen Lebensraum!

Umsiedeln

Das Umsiedeln einer Blumenwiese kann zum Beispiel vor einer Bebauung notwendig werden. Es geht aber ganz einfach: Schälen Sie die Wiesennarbe in 3 bis 5 cm dicken Streifen oder Soden ab. Bringen Sie sie auf der neuen Fläche auf und treten Sie sie fest oder walzen Sie die Fläche ab. Danach wird bewässert – fertig.

NATUR PUR – IN GROSSER VIELFALT

Bild rechts:
Eine immense Vielfalt an Blütenfarben und Pflanzenformen beherrscht den Bauerngarten.

Bild unten:
Auch die Bretonischen Zwergschafe der Nachbarn fühlen sich zu den Wieses hingezogen.

Begonnen hat das Gärtnern im ganz großen Stil für Rita und Michael Wiese mit dem Wunsch nach leckerem, gesundem Essen. Welch glückliche Fügung, dass die Wieses sich zu diesem Zeitpunkt das Nachbargrundstück zu ihrem Haus am südlichen Stadtrand von Aachen dazukaufen konnten. Dadurch hat sich ihre Gartenfläche von 1000 auf 2500 m^2 vergrößert, genügend Platz für leckere Gemüse, feine Kräuter und süße Früchte.

Doch vor der Ernte stand die Arbeit und so brauchten die Wieses zwei, drei Jahre, bis aus dem Grundstück ein gesunder Nutzgarten wurde – und was für einer: Ein Spaziergang durch den Garten erinnert mehr an das Paradies als an ein irdisches Anwesen. Verführerisch wächst und gedeiht es auf allen Beeten und Flächen, dass man kaum genug bekommt vom Gucken und Riechen. »Ja, ja, naschen dürfen Sie auch«, lädt Rita Wiese die Gäste ein. Doch wo beginnen in diesem Schlaraffenland aus gefühlt Tausenden verschiedenen Gemüsen, Früchten und Kräutern?

Von Anfang an haben Rita und Michael Wiese auf ökologischen Anbau gesetzt. Gedüngt wird nur mit Kompost, Hornspänen, Gesteinsmehl und Jauche aus Beinwell, gegossen wird konsequent mit Regenwasser, das in zahlreichen Tonnen auf dem ganzen Grundstück gesammelt wird. »Das können Sie schmecken«, freuen sich die Eheleute. Fruchtwechsel und Mischkultur sind weitere Prinzipien, nach denen Rita Wiese die Beete im Bauerngarten bewirtschaftet. Sie sind rechteckig unterteilt und von einem kastanienhölzernen Staketenzaun und Unmengen bunter Stauden und Sommerblumen umgeben.

Vielfalt vom Feinsten

Da es im Garten so üppig wächst, finden Bohnen, Kürbis, Kartoffeln, Möhren und Salate nicht nur bei den Wieses und den Familien der vier erwachsenen Kinder großen Anklang, sondern auch in der Nachbarschaft. Von jedem Gemüse gibt es mehrere Sorten. Im Gewächshaus wachsen Gurken, Paprika und Tomaten. Weil das A und O leckerer Speisen würzige Kräuter sind, gedeihen bei den Wieses auch rund 40 verschiedene Küchen-, Heil- und Teekräuter. Das ist Vielfalt vom Feinsten, über die sich auch die unzähligen Schmetterlinge, Hummeln und Bienen freuen!

Überfluss herrscht auch bei den Früchten. Äpfel (fünf verschiedene Sorten!), Apfel- und Birnenquitte, Aroniabeeren, Holunderbüsche, Kornelkirsche, Brom-, Him-, rote und schwarze Johannis- sowie grüne und rote Stachelbeeren, Mirabellen, Pflaumen, Schlehen, japa-

Bild oben:
Auf den Hochbeeten wachsen verschiedene Gemüse und Blumen fröhlich zusammen.

Bild unten links:
Ein halbes Dutzend unterschiedliche Salate gedeihen im Gemüsegarten.

Bild unten rechts:
Gießen mit Regenwasser gehört für Rita und Michael Wiese unbedingt dazu.

nische Weinbeeren und Weintrauben, sogar Blaubeeren und Cranberrys liefern reichliche Ernten. So kann Frau Wiese fruchtige Desserts und im Herbst über 170 Gläser Marmelade nach stets neuen eigenen Kreationen einkochen. Sie ahnen, womit die Wieses die eigentlich geruhsamen Wintermonate verbringen: »Im Winter sind die Bäume dran. Die müssen geschnitten werden und ab Februar geht's los mit den ersten Aussaaten«, erläutert Rita Wiese. So genießen die Wieses ihren Garten nicht nur wegen der gesunden, schmackhaften Ernten und der herrlichen Aussicht auf den Obstgarten, die angrenzenden Wiesen und den nahen Waldrand, sondern auch weil er sie fit hält. Rita Wiese lacht: »Ja, ins Fitnesscenter gehe ich nicht mehr. Die Gartenarbeit ist eine wunderbare Therapie für Körper und Seele.« Dazu schmunzelt auch ihr Mann, der seit seinem Ruhestand kräftig mitschafft und -werkelt.

Platz zum Genießen

Genuss- und Ruheplätze fehlen natürlich auch nicht im Garten der Wieses: Insgesamt neun verschiedene große und kleine Sitzplätze gibt es dort, von denen aus der hangige Garten in immer wieder anderen Perspektiven und Ansichten genossen werden kann. Dort auf den lauschigen Sitzplätzen machen die Wieses auch neue Pläne, was noch alles so gedeihen und angelegt werden soll in ihrem grünen Paradies: eine Wildwiese mit Vogelschutz- und Bentjeshecke etwa oder ein Wildgräser-Vorgarten. So bekommt der Garten von Jahr zu Jahr ein leicht verändertes Gesicht. Von ihren Reisen kommen ausgefallene und seltene Pflanzenschätze hinzu, die einen angemessenen Platz im Garten finden wollen. Und dazwischen blühen die Wildblumen: gelbgrüne Frauenmantel-Blütenwolken neben purpurrosa Purpur-Ziest, gelbe Färberkamille zwischen magentarotem Storchschnabel und weißen Margeriten. »Ich lasse die Natur gern mitgärtnern, denn sie malt wunderschöne Gestaltungen in den Garten«, schwärmt Rita Wiese. »Doch man muss schon auch alles ein bisschen im Griff behalten …«, fügt sie lachend hinzu. Wie zur Bestätigung tönt ein lautes »mäh« über den Staketenzaun, dort führen die Bretonischen Zwergschafe der Nachbarn ein idyllisches Leben. »Verstehen Sie nun, warum wir uns ein Leben ohne Garten nicht vorstellen können?« Jawohl, das tun wir!

Bild links:
Fröhlich grüßt der Hahn aus dem Hochbeet.

Bild rechts:
Kecker Farbklecks in Rot – der geräumige Geräteschuppen.

Naturgarten-Praxis

Die passende Ausstattung

Mit den richtigen Werkzeugen gehen die verschiedenen Gartenarbeiten leichter von der Hand und machen zudem viel mehr Freude. Manche Geräte brauchen Sie sehr oft, andere nur selten. Achten Sie stets auf gute Qualität.

■ Eine Schubkarre ist praktisch, lassen sich mit ihr doch mit leichter Hand Geräte, Sand, Kies oder Erde sowie abgerechtes Laub von A nach B im Garten bringen.

Welche Arbeiten in Ihrem Garten anfallen, hängt hauptsächlich davon ab, welche Pflanzen Sie darin kultivieren. In einem Obstgarten mit Apfel- und Birnbaum sind gute Schnittwerkzeuge unerlässlich, während für eine große Spielrasenfläche ein Rasenmäher (möglichst leise, ohne Fangkorb) unverzichtbar ist. Dennoch benötigt jeder Gärtner eine bestimmte Grundausstattung an Werkzeugen, um einige notwendige Maßnahmen zur Bodenvorbereitung, zu Pflanzung, Pflege und Rückschnitt erledigen zu können.

Die Grundausstattung

Robust und solide sollten gute Gartengeräte sein. Kaufen Sie keine »Billig«-Werkzeuge, die rasch kaputtgehen, das wäre Ressourcenverschwendung. Entscheiden Sie sich für Nachhaltigkeit und wählen Sie hochwertige Gartenwerkzeuge, die lange haltbar sind.

Diese Gartengeräte und Werkzeuge sollten in keinem Garten fehlen:

- Arbeitshandschuhe: Robust – eventuell auch wärmend für Arbeiten an kühlen Herbst- und Frühlingstagen – sollten sie zum Schutz Ihrer Haut vor Dornen, Holzsplittern und Ähnlichem sein.
- Astschere: Achten Sie auf eine gute Hebelwirkung für kraftsparendes Schneiden von dicken Ästen.
- Eimer: Leicht sollte er sein und robust, zum Beispiel Baueimer aus Kunststoff; darin können Sie Kleingeräte ablegen oder Pflanzenabfälle zum Kompost transportieren.
- Gartenschere: Ein Muss im Garten! Nicht sparen! Eine gute, scharfe Schere schneidet mühelos Stängel ab, ohne sie zu verletzen. Klingen aus Edelstahl können mit einem geeigneten Schleifstein nachgeschärft werden. Gute Gartenscheren halten auch ewig, weil alle Teile ausgetauscht werden können.
- Gießkanne: Ein weiteres Muss im Garten. Achten Sie auf einen abnehmbaren Brausekopf, um den Wasserstrahl von feinem Brausestrahl (etwa für Aussaaten) auf dicken

Gießstrahl (etwa zum Einschlämmen von Wurzeln) verändern zu können. Langlebiger aus Metall.

- Grabegabel: Sie können zwischen vier oder fünf geraden Zinken wählen. Entscheiden Sie sich für ein stabiles und robustes Gerät, insbesondere wenn Ihr Garten in einem Gebiet mit schwerem Boden liegt.
- Handkultivator (Handgrubber): Dank des kurzen Stiels ist der dreizinkige Handkultivator ein nützliches Gerät für Arbeiten in Beeten, Kübeln und Kästen.
- Handschaufel: Auch ein Muss im Garten. Leicht und robust sollte sie sein. Ein weiteres Auswahlkriterium ist eine stabile Verbindung vom kleinem Handgriff zum Schaft. Da die kleine Handschaufel häufig zum Graben von kleinen Pflanzlöchern für Blumen und andere Pflanzen benutzt wird, wählen Sie eine aus rostfreiem Edelstahl.
- Mörteleimer oder Bütte, eventuell auch mit Deckel: Unerlässlich zum Ansetzen von pflanzenstärkenden Brühen und Jauchen. Sie müssen wasserdicht sein.
- Rechen: 30 bis 40 cm breit und feste, nach unten gerichtete Zinken, so sollte Ihr Rechen zum Einebnen von Beeten ausgestattet sein. Rasenschonend können Sie Laub mit dem breiteren, feinzinkigen Rasenrechen (Holz- oder Laubrechen) sammeln.
- Sauzahn oder Kultivator: Während der schmale Sauzahn nur einen gebogenen Zinken besitzt, weist der Kultivator meist drei auf. Mit beiden Geräten können Sie gut den Erdboden auflockern.
- Schaufel: Leicht sollte sie sein und dennoch mit stabilem Schaufelblatt, der Stiel sollte bis zu Ihrer Schulter reichen.
- Schubkarre: In kleinen Gärten ist sie entbehrlich, für mittlere und größere Gärten jedoch ein Muss. Groß und stabil sollte sie sein, mit rutschfesten Griffen und einem luftgefüllten Ballonreifen, den Sie leicht über Unebenheiten schieben können.
- Spaten: Wählen Sie ihn sehr sorgfältig aus, denn er ist für besonders schwere Arbeiten wie das Ausheben von Pflanzlöchern zuständig. Ein Stiel aus Eschenholz hat sich bewährt, der solide mit dem aus einem Stück geschmiedeten Spatenblatt und Schaft verbunden ist. Achten Sie auch auf die richtige Länge des Spatens, der bis zur untersten Rippe reichen sollte. Ob D- oder T-Griff, ist Geschmackssache. Welcher liegt Ihnen besser in der Hand? Einfach ausprobieren.
- Ziehhacke (Schuffel): Mit einem breiten, kurzen Blatt ausgestattet, ist die Ziehhacke ideal zum flachen Bodenlockern zwischen den Pflanzen. Das Blatt des Schuffels besitzt rundum scharfe Kanten.

Werfen Sie vor dem Kauf auch einen prüfenden Blick auf den Stiel: Gute Holzstiele bestehen aus hartem, langfaserigem Eschen-, Buchen- oder Hickoryholz, solche aus lackiertem Nadelholz brechen viel schneller durch. Auch sollten die Fasern des Holzes vom Stielende bis zum Werkzeugkopf durchgängig sein. Leicht und dennoch sehr haltbar sind hochwertige Aluminiumstiele.

Tipp

Ihre Knie schonen Sie mit speziellen Knieschonern, Kniekissen oder einer Matte. Wenn Sie eine ausgediente Wärmflasche mit Sägespänen füllen, erhalten Sie eine bequeme Unterlage.

Verschiedene Schneidwerkzeuge: die Astschere mit langem Hebel und kurzer Klinge, dann Gartenscheren und Scheren mit langen Klingen für leicht zu schneidende Pflanzenteile.

Weitere Gartengeräte

Bevor Sie sich diese Geräte anschaffen, prüfen Sie, ob Sie sie auch wirklich brauchen. Unnötige Gartengeräte kosten nur Geld, das Sie besser in hochwertige »Must-haves« investieren und sie verbrauchen zudem Platz:

Regenwasser ist das beste Gießwasser und kostenlos dazu. Es sollte dort versickern, wo es fällt – ein weiteres Argument zum nachhaltigen, umweltschonenden Regenwassersammeln.

- Gartenschlauch mit Wagen: für große Gärten
- Häcksler: zum Zerkleinern von Holzschnitt
- Zimmermannshammer: zum Einschlagen von Stützpfählen

Wofür braucht man welches Werkzeug?

Für Bodenarbeiten:

- Grabegabel: graben, Boden lockern, Wurzelgemüse ernten, Rasen und Beete belüften, Kompost umschichten, Pflanzen umsetzen
- Harke, Rechen: Boden ebnen, Erdklumpen und Steine entfernen, Rasen durchlüften, Samen und Dünger (Hornmehl) einarbeiten
- Kultivator (Grubber, Tiefenlüfter, mit drei gebogenen Zinken): Erdklumpen aufbrechen, lockern, Beete zur Aussaat und Pflanzung vorbereiten, Kompost in den Boden einarbeiten
- Krail: schwere Böden lockern, belüften, Kartoffeln ernten
- Laubrechen: Laub sammeln, Rasen abrechen
- Mistgabel (Kompostgabel, Forke): Kompost aufsetzen, Laub aufnehmen und verteilen
- Sauzahn (Wühler, Kultivator mit einem Zinken): Erdklumpen aufbrechen, lockern zwischen Beeten, Saatrillen ziehen
- Schaufel: Erde aus Pflanzlöchern entfernen, Erde, Kompost, Sand oder anderes loses Material umheben
- Schlaghacke: lockern, Erdklumpen zerkleinern
- Spaten: Pflanzlöcher ausheben, umgraben
- Spitzhacke: harten Boden aufbrechen
- Unkrautstecher: unerwünschte Pflanzen mit Wurzel einzeln entfernen
- Ziehhacke, Schuffel: Boden oberflächlich lockern, Oberfläche abziehen

Für Pflanzungen:

- Dibber, Pflanzholz, Zwiebelblumenpflanzer: platzsparend schmale Pflanzlöcher für Zwiebelblumen und Knollen stechen
- Handschaufel (Pflanzschaufel): kleine Pflanzlöcher ausheben

Für Schnittmaßnahmen:

- Astsäge, Klappsäge: kleinere oder schlecht zu erreichende Äste entfernen

- Astschere mit langen Griffen: bis zu 3 cm dicke Äste und Zweige entfernen
- Baumsäge: mittelgroße Äste entfernen
- Bügelsäge: große Äste entfernen
- Gartenschere, Rosenschere: bis zu 1 cm dicke Äste, Triebe und Zweige entfernen
- Hippe: dünne Schosse entfernen, Wunden glätten
- Heckenschere: Hecken schneiden, Formschnittmaßnahmen

Für die Rasenpflege:

- Hand-Rasenmäher mit elektrischem oder Benzinantrieb, Mulchmäher oder solarbetriebener Mähroboter: die Auswahl ist groß und hängt von Größe und Geländeform Ihres Garten ab
- Rasenkantenschere, Trimmer: schneiden saubere Kanten
- Vertikutierer: zum Belüften

Lockerer Stiel

Wenn der Stiel wackelt, sollten Sie ihn auf keinen Fall in Wasser stellen. Durch das Aufquellen beim Feuchtwerden und das anschließende Austrocknen erhöhen Sie nur die Fäulnisanfälligkeit des Stiels. Schlagen Sie stattdessen einen passenden Holz- oder Eisenkeil in den Schaft – und schon sitzt der Stiel wieder fest.

Eine gute Investition

Moderne Systeme der Tröpfchenbewässerung erlauben einen sparsamen und effektiven Umgang mit Wasser, denn sie bringen das Wasser verlustfrei nur dort aus, wo es auch tatsächlich gebraucht wird – an den Wurzeln. Wer vorausdenkt, investiert in eine solche Anlage.

Tipp

Verzichten Sie im Naturgarten auf laute Maschinen wie Laubsauger oder Laubbläser, denn Lärm hat mit Natur nichts zu schaffen. Erfreuen Sie sich stattdessen an der Möglichkeit, sich beim Laub zusammenrechen an der frischen Luft zu bewegen.

Aufbewahren und Reinigen

In einem kleinen Geräteschuppen oder einem Anbau an der Garage werden die Gartenwerkzeuge und Geräte verstaut. An Leisten mit Halterungen können Sie sie platzsparend an den Wänden aufhängen.

Putzen muss sein

Nur mit sauberem, scharfem Werkzeug macht das Gärtnern wirklich Freude. Widmen Sie daher immer wieder mal Ihren Geräten ein Pflegestündchen.

Befreien Sie Ihre Gartengeräte nach dem Gebrauch von anhaftenden Boden- und Pflanzenresten, am besten mit Wasser und einer Bürste oder einem Stück Holz. Nehmen Sie dazu keine Messer oder Metallgegenstände, sie hinterlassen nur Kratzer auf dem Werkzeug. Entfernen Sie dabei auch anhaftende klebrige oder flüssige Pflanzensäfte, die je nach Inhaltsstoffen sogar Ihre Werkzeuge angreifen können. Lassen Sie danach das Werkzeug gut trocknen. Bei Edelstahlgeräten müssen Sie nicht mehr tun. Bei Geräten aus geschmiedetem Stahl sollten Sie regelmäßig den Rost entfernen. Dazu polieren Sie die betroffenen Stellen mit Schleifvlies oder Stahlwolle, bei hartnäckigem Rost gegebenenfalls auch mit einer Stahlbürste.

Ölen Sie hin und wieder die beweglichen Teile von Scheren und reiben Sie die Gartengeräte immer mal wieder mit einem öligen Lappen ab. Vor dem Winter sollten Sie die Metallteile Ihrer Werkzeuge mit einem Metallpflegeöl und Holzteile mit einer Mischung aus Leinöl und Terpentinersatz (1 : 1) einreiben – das erhöht deren Lebensdauer.

Scharf, schärfer, am schärfsten

Stumpfe Klingen von Scheren, Sägen, Messern und anderem Schneidewerkzeug hinterlassen ausgefranste Wundränder und verletzte Triebe, Zweige und Äste. Schärfen Sie daher regelmäßig diese Werkzeuge, indem Sie sie über einen nassen Schleifstein wetzen. Setzen Sie dazu keinen Winkelschleifer oder Schleifblock ein, der nur die Klingen ruiniert. Die weitere Pflege von Klingen ist einfach: Regelmäßig sauber machen und ölen reicht.

Die richtige Gartenschere

Zum Schneiden von kräftigen Trieben und trockenen Ästen eignet sich eine Amboss-Gartenschere. Weiche, junge Triebe hingegen schneiden Sie exakter mit einer zweischneidigen Bypass-Gartenschere. Kraftsparend ist eine Akku-Gartenschere.

Gesunder Boden – gute Grundlage

Der Erdboden gibt den Pflanzen nicht nur Halt und versorgt sie mit Wasser und Nährstoffen. Er ist vornehmlich ein komplexer Organismus, der gesund erhalten werden muss, weil er die Grundlage allen Lebens auf dem Festland ist. In einer Handvoll leben mehr Lebewesen als Menschen auf der Erde.

Eigentlich müssten wir den Boden so achten und ehren wie Pflanzen, Tiere und Menschen. Doch was tun wir meistens? Wir treten ihn mit Füßen und versuchen auf ausbeuterische Weise das Allerletzte aus ihm herauszuholen. Das hat er wahrlich nicht verdient. Danken müssten wir ihm, in jeder Sekunde, denn er beschenkt uns mit lebenswichtigen Gütern, mit Nahrung zum Beispiel. Darum bekommt er im Naturgarten eine ganz besondere Fürsorge und Aufmerksamkeit: Dem Boden soll es so richtig gut gehen. Dazu müssen Sie den Boden kennenlernen.

■ Greifen Sie einmal mit beiden Händen in den Erdboden! Jahrzehntelang wurde er mit Füßen getreten – es ist Zeit, ihm endlich die Wertschätzung zukommen zu lassen, die er verdient!

Boden erkennen

Erster Schritt: Greifen Sie mit beiden Händen in den Erdboden. Wie fühlt er sich an? Welche Farbe hat er? Wie duftet er? Bei uns gibt es regional bedingt unterschiedliche Bodenarten (Sand, Ton, Lehm, Moor und Mischformen), die jeweils eine unterschiedliche Pflege benötigen (siehe Tabelle S. 77). Auch die Versorgung mit Nährstoffen hängt von der jeweiligen Bodenart ab, aber auch vom Humusgehalt, von den bisherigen Düngemaßnahmen und den bisherigen Pflanzenkulturen. Generell sind unsere Gartenböden überversorgt mit Nährstoffen, da meist nach der Regel »viel hilft viel« im Übermaß gedüngt wird. Dabei vergessen wir schnell, dass heutzutage die Böden auch stark durch die Luft mit Stickstoffen gefüttert werden. So enthält zum Beispiel heutzutage ein Waldboden so viele Stickstoffverbindungen wie in den 1950er-Jahren ein Ackerboden!

Zweiter Schritt: Lassen Sie den Gartenboden im Winter analysieren. Bei einer Standard-Bodenuntersuchung werden verschiedene Nährstoffe, der Humusgehalt und der pH-Wert ermittelt, der Ihnen Auskunft über die Verfügbarkeit der Nährstoffe und über das Bodenleben gibt. Auf diese Weise erfahren Sie, welche fehlenden Nährstoffe zugeführt werden sollten oder ob der Boden überdüngt ist. Gegebenenfalls wiederholen Sie eine solche Bodenanalyse nach fünf Jahren, als Basis für Ihre Düngemaßnahmen.

Boden verbessern

Bodenverbesserung erreichen Sie mit verschiedenen Maßnahmen. Da aber beispielsweise niemals aus einem sandig-trockenen Boden ein feuchtespeichernder Moorboden wird, sollten Sie die Pflanzen nach den Bodenverhältnissen im Garten auswählen.

Gründüngung

Vor der Neuanlage eines Gartens oder Beetes säen Sie Gründüngungspflanzen aus. Sie reichern den Boden mit Humus an, lockern ihn, verbessern seine Struktur, brechen Verdichtungen (etwa nach intensiven Bautätigkeiten) auf und schützen ihn zudem vor dem Abtragen durch Wind, Wasser und andere Kräfte.

Gründüngungspflanzen sind bestimmte Sommerblumen, die Sie bis zum Sommer aussäen können. Kurz vor der wasserzehrenden Blüte werden die Gründüngungspflanzen abgemäht, ein paar Tage zum Trocknen liegen gelassen, dann (mit dem Rasenmäher ohne Fangkorb) zerkleinert und als Mulch auf der Fläche liegen gelassen. Im nächsten Frühjahr arbeiten Sie die Pflanzenreste in die obersten Bodenschichten ein. Zwei Wochen später können Sie mit dem Pflanzen, drei bis vier Wochen später mit dem Säen der gewünschten Pflanzen beginnen.

Je nach Boden eignen sich diese Gründüngungspflanzen:

- leichter, humusarmer Boden: grünmassereiche Pflanzen wie Raps *(Brassica napus)*, Serradella *(Ornithopus sativus)*, Sonnenblumen *(Helianthus annuus)*
- schwerer oder verdichteter Boden: Tiefwurzler wie Gartenmalve *(Lavatera trimestris)*, Lupinen *(Lupinus albus)* oder Ölrettich *(Raphanus sativus)*
- auf allen Bodenarten: Bienenfreund *(Phacelia tanacetifolia*, erst nach der Blüte abmähen), stickstoffeintragende Schmetterlingsblütler wie Wicken *(Vicia sativa)*, Lupinen *(Lupinus luteus)*, Klee (etwa Weiß-Klee, *Trifolium repens*)

Beachten Sie aber, dass Kreuzblütler wie Ölrettich, Raps, Senf *(Sinapis alba)* nicht vor oder nach Kohlarten ausgesät werden dürfen!

Charakteristik der Bodenarten

Bodenart	typisch	das ist zu tun
Sand (leichter Boden)	nur begrenzte Speicherkapazität von Wasser und Nährstoffen	– Humusanteil durch Kompost erhöhen, häufiger gießen – Gesteinsmehl einarbeiten
Lehm (mittelschwerer Boden)	gilt als der beste Gartenboden	– Fruchtbarkeit erhalten – regelmäßig mulchen
Ton (schwerer Boden)	neigt zum Verkleben, vor allem bei Nässe	– groben Sand aus möglichst regionaler Herkunft einarbeiten – tiefwurzelnde Gründüngerpflanzen (z. B. Lupinen) setzen – bei Nässe nicht betreten und nicht bearbeiten
anmooriger Boden (saurer Boden)	nährstoffarm, sauer, sehr wasserhaltig	– Gesteinsmehl, groben Sand, Lehm und Kompost einarbeiten

Büschelschön oder Bienenfreund – das ist der hübsche Name der Gründüngungspflanze Phazelia, die auch Imker mögen: Bienen fliegen auf die nektar- und pollenreichen Blüten.

Tipp
Der Boden darf den Himmel nicht sehen!

Mulchen

Ein offen daliegender Boden ist schutzlos den Kräften der Natur ausgeliefert. Er trocknet aus, verschlämmt oder wird durch Wind und Wasser abgetragen. Das ist nicht gut. Durch Abdecken mit organischen Materialien können Sie dem auf Beeten, Rabatten, Baumscheiben und zwischen Gemüse- und Obstkulturen entgegenwirken.

Zum Mulchen geeignet sind: angetrockneter Rasen- und Blumenwiesenschnitt, Stroh, frische Gemüse- und andere Pflanzenreste aus dem Garten, Laub, halbreifer Kompost, Holz- und Rindenmulch. Auch spezielle Mulchpapiere, Kokosdecken und ähnliche Produkte bieten die günstigen Eigenschaften einer Mulchdecke. Gejätete Wildkräuter eignen sich ebenso, sofern sie noch keine Samen gebildet haben. Damit sie nicht anwachsen, bringt man sie nur bei trockenem Wetter auf.

■ **Herbstlaub ist kein lästiger Abfall, der entsorgt werden muss: Häufen Sie das Laub von den Rasenflächen unter Sträuchern an. Der Igel und unzählige Kleintiere danken es Ihnen.**

Sechs Mulch-Tipps:

- Verwenden Sie Rindenmulch nicht bei Rosen.
- Rindenmulch aus tropischen Hölzern nicht kaufen, achten Sie beim Kauf auf die Herkunft und Zusammensetzung.
- Tragen Sie Rasenschnitt auf Gemüsebeeten oder unter Gehölzen höchstens 3 cm dick auf, damit er schnell verrottet.
- Zerkleinern Sie größere Pflanzenreste (große Blätter etc.) vor dem Ausbringen.
- Herbstlaub, selbst das schwer verrottbare von Eichen oder Walnuss, wird dünn auf Beeten oder dicker unter den Gehölzen ausgebracht.
- Den Boden zwischen Erdbeeren und Beerensträuchern mit Stroh abdecken.

Boden aktivieren

Bodenhilfsstoffe machen einen müden Boden munter. Dazu gehört Erde, die mit natürlich im Boden vorkommenden Mikroorganismen angereichert wurde (Bodenaktivator, Kompoststarter) sowie Extrakte aus effektiven Mikroorganismen (EM) und Terra Preta®. Sie regen die natürlichen Umsetzungsprozesse im Erdboden an. Diese Mittel sind einfach durch Ausstreuen oder Gießen anzuwenden.

Gartengold Kompost

Herzstück eines Naturgartens ist der Kompost. Er ist das Gartenpendant zu den natürlichen Nährstoffkreisläufen, die wir in allen Lebensräumen der Erde vorfinden. Alle Pflanzenreste, die im Garten und Haushalt anfallen, gehören auf den Kompost und ergeben ein Substrat, das dem Boden die Nährstoffe zurückgibt, die er in die Blumen und Gräser, in Früchte, Gemüse und Kräuter investiert hat und fortlaufend weiterinvestiert.

Kompost ist der beste Dünger und Verbesserer für den Boden, vorausgesetzt, Sie haben alles richtig gemacht. Kompost ist nämlich nicht gleich Kompost. Beim Kompostieren sollten Sie beachten:

Am Kompostplatz stellen Sie ein einfaches Holzgerüst direkt auf den Erdboden. Direkter Bodenkontakt ist wichtig, denn für einen guten Kompost brauchen wir die Hilfe der Mikroorganismen, Regenwürmer und anderer Bodentiere.

Beim Befüllen legen Sie als unterste Schicht grobe Äste und Zweige aus. Darauf verteilen Sie zwei Handvoll Kompost oder Gartenerde. Dann mischen Sie alle Pflanzenreste aus dem Garten (Äste und Zweige zuvor schreddern, Wurzelunkräuter wie etwa Quecke sowie mit Pilzkrankheiten befallene Pflanzenteile sicherheitshalber aussortieren) mit pflanzlichen Küchenabfällen (Obst- und Gemüsereste, Eierschalen etc.). Geben Sie von dieser Mischung eine handbreite Schicht auf den Kompost und decken Sie sie mit zwei Handvoll Kompost oder Gartenerde ab. Darauf folgt wiederum eine gemischte Schicht aus Garten- und Küchenabfällen. Achten Sie auf eine lockere Schichtung, damit genügend Luft in den Komposthaufen gelangt. Fertig!

Bei Trockenheit gießen und bei dichter Schichtung des Komposts einmal im Jahr den Komposthaufen umschichten.

Gründüngung & Bienenweide

'Tübinger Mischung' und 'Brandenburger Bienenweidegemisch' – diese Samenmischungen tun dem Boden und den Bienen gut.

Im nächsten Frühjahr ist der nun fein nach Erde duftende Kompost fertig und kann auf den Beeten verteilt werden. Da bei uns die meisten Böden überversorgt sind, reichen jedes Jahr 3 l Kompost pro m² Boden, bei stark nährstoffzehrenden Pflanzen dürfen es auch bis zu 5 l sein. Damit ist der gesunde Nährstoffbedarf für ein Jahr komplett abgedeckt!

■ Kompostplatz mit Jauchestation: Alle Pflanzenreste, die im Garten anfallen, landen auf dem Kompost und werden so in einem geschlossenen Nährstoffkreislauf wieder dem Gartenboden und den Pflanzen zugeführt. So sieht Nachhaltigkeit aus!

Umgraben – ja oder nein?

Bei leichten und humusreichen Böden reicht es durchaus, wenn Sie den Boden regelmäßig mit der Grabegabel oder dem Sauzahn lockern, ohne ihn zu wenden. Schwere Lehmböden hingegen können Sie im Winter in weitgehend trockenem Zustand vor Frosttagen mit dem Spaten grobschollig umgraben. Dann sprengt der Frost die groben Schollen zu feinkrümeliger, lockerer Erde.

Das darf auf den Kompost

- Obst (allerdings nur wenige Schalen von Orangen, Mandarinen und anderen Zitrusfrüchten)
- Gemüseabfälle
- Kartoffeln
- Tee- und Kaffeesatz
- Eierschalen (zerdrücken)
- Pappe
- Zeitungs- und Küchenpapier (nicht bunt bedruckt, kein Hochglanzpapier)

Regenwasser muss es sein

Stoffwechsel
Bei der Fotosynthese in den grünen Pflanzenteilen stellen Pflanzen aus Kohlenstoffdioxid und Wasser unter Einwirkung von Sonnenlicht Zuckerverbindungen her.

Ohne Wasser kann kein Lebewesen der Erde leben. Die Pflanzen nehmen es über die Wurzeln aus dem Boden auf und transportieren es zu den Blättern, in denen ein Teil zur Fotosynthese genutzt und ein anderer Teil über die Spaltöffnungen verdunstet wird und angenehme Kühle spendet.

Um Regenwasser zu sammeln, muss es keine Tonne aus Kunststoff sein. Auch ein dichtes Holzfass eignet sich dazu.

Wasser ist nicht gleich Wasser, aber Wasser ist immer ein kostbares Gut. Weil unser Trinkwasser oft kostenintensiv aufgearbeitet, von weit her transportiert oder aber künstlich Landschaften entzogen werden muss, ist es zum Gießen von Pflanzen zu wertvoll. Versorgen Sie stattdessen Ihre Pflanzen mit Regenwasser, das ohnehin das beste Gießwasser ist: Es ist weich, kalkfrei, besser temperiert, kostenlos und lässt sich obendrein leicht sammeln.

Regenwasser sammeln

Schon in früheren Zeiten haben Menschen Regenwasser gesammelt, vor allem in niederschlagsarmen Gebieten wie den Mittelmeerländern, das zeigen antike Zisternen. Auch Sie sollten das kostenlose nasse Gute sammeln. Dazu können Sie zwischen verschiedenen Möglichkeiten wählen oder mehrere miteinander kombinieren.

Das Regenwasser der Dachflächen von Haus, Garage, Geräteschuppen und anderen Gebäuden können Sie beim Einbau von Fallrohrklappen direkt aus den Fallrohren in Regentonnen aus Kunststoff sammeln. Wenn es lange nicht geregnet hat, spült der erste Regen Schmutz und Staub vom Dach in die Dachrinne. Dieses Regenwasser ist verschmutzt. Lassen Sie die Klappe zunächst zu und das Wasser ablaufen. Beginnen Sie erst später mit dem Sammeln, indem Sie die Klappe öffnen. Ist die Tonne voll, können Sie die Klappe wieder schließen, und das Regenwasser läuft in die Kanalisation. Damit keine Tiere in den Regentonnen ertrinken oder Laub hineinfällt, sollten Sie sie mit einem Holzdeckel abdecken. Wird das Wasser in der Regentonne trüb, geben Sie etwas Holz- oder Aktivkohle hinein.

Beim Neubau eines Hauses oder auch später können Sie eine Regenwasserzisterne mit Pumpe in den Boden eingraben. Das Regenwasser von den Dächern wird dann in die Zisterne geleitet und steht nicht nur zum Gießen, sondern auch für WC und Waschmaschine zur Verfügung.

Auf Grundstücken in Hanglagen können Sie auch Wasserrinnen anlegen und das abfließende Regenwasser gezielt in ein Sammelbecken oder in einen Teich leiten.

So gießen Sie wassersparend

- Lieber in größeren Abständen und dann durchdringend gießen als häufig nur ein bisschen. Nach dem Gießen ist der Boden bis in 15 bis 20 cm Tiefe gut durchfeuchtet.
- Niemals in der Mittagshitze gießen, sondern morgens.
- Gießen Sie direkt an die Pflanzenbasis, zum Beispiel mit einer Gießkanne. Die Blätter sollten trocken bleiben.
- Langsam gießen: zum Beispiel gründlich wässern, dann 30 Minuten pausieren, dann noch einmal gießen.
- Bewässern Sie über spezielle Tropfschläuche mit Zeitschaltuhr oder über ein automatisches Bewässerungssystem mit Feuchtigkeitssensoren und/oder steuerndem Bewässerungscomputer. Die Schläuche werden am Boden zwischen den Pflanzen verlegt und das Wasser wird tröpfchenweise über kleine Löcher abgeben.
- Offene Bodenstellen mulchen, das reduziert die Verdunstung an der Erdoberfläche.
- Lockern Sie den Boden, damit das Wasser besser versickern kann und nicht oberflächlich abläuft. Eine alte Gartenregel besagt: Einmal hacken, spart dreimal gießen.
- Im Sommer den Rasen nicht zu kurz schneiden, damit er die Feuchtigkeit besser hält.
- Erhöhen Sie in sandigen, leichten Böden den Humusgehalt durch Kompostgaben. So kann er mehr Wasser halten.

Regenmenge

Wenn Sie wissen wollen, wie viel Niederschlag in Ihrem Garten fällt, erkundigen Sie sich entweder bei einer regionalen Wetterstation oder Gartenakademie oder stellen Sie einen Regenmesser auf.

Wenn nach beginnendem Regen der erste Schwung Regenwasser den Staub und Dreck vom Dach in die Kanalisation gespült hat, wird die Klappe im Fallrohr geöffnet: Nun fließt klares, kalkfreies Regenwasser mit optimalem pH-Wert in die Tonne.

Baumaterialien aus der Natur

Tipp
Achten Sie beim Kauf von Rindenmulch und Holzhäcksel auf die heimische Herkunft der verwendeten Hölzer!

Nachhaltigkeit ist auch im Naturgarten ein wichtiges Anliegen, das Sie bei der Wahl der Baumaterialien umsetzen können. Wie? Ganz einfach, indem Sie konsequent auf heimische Hölzer und regionale Natursteine setzen.

■ **Wenn die Latten des Holzzauns im Lauf der Jahre silbrig grau werden, freuen sich die Hornissen und Wespen über Baumaterial für ihre Papiernester.**

Regionale Produkte haben viele Vorteile. Sie sichern die Existenz der Menschen in Ihrer Nähe und ermöglichen es Ihnen, sich aus nächster Nähe über deren Produktion und Verarbeitung zu informieren. Zudem haben regionale Produkte nur kurze Transportwege hinter sich, sparen dadurch wertvolle Ressourcen wie Energie und Lebenszeit und sind positiv hinsichtlich des Klimaschutzes zu beurteilen.

Da das Kaufverhalten der Menschen einen großen Einfluss darauf hat, was am Markt angeboten wird, können Sie über die Entscheidung für regionale Produkte mehr bewirken, als man gerne meint. Das ist ein weiterer Grund für das Ja zu regionalen Baumaterialien, die im Naturgarten selbstverständlich natürlicher Herkunft sind.

Mit Weidenruten bauen

Weiden sind unglaublich robuste Gehölze, die fast überall von allein gedeihen und zudem eine enorme Lebenskraft besitzen. Ihre langen, biegsamen, nachwachsenden Ruten sind sowohl im trockenen als auch im frischen Zustand herrliche Baumaterialien für filigrane und dennoch stabile Bauwerke im Garten. Sie bieten sich an für kleine Objekte wie Körbe, Pflanzschalen und -kugeln, für fantasievolle Kinderspielorte wie Tipi, Tunnel, Labyrinth und Spielhäuser, und sie ermöglichen kreative Gartenkunstwerke und praktische Zäune, Sichtschutzelemente, Lauben, Pavillons, Raumteiler, Torbögen und vieles mehr. Naturnah und kostengünstig sind Weidenruten sowieso. Im Naturgarten sind Weidenruten ideal, denn sie bieten zahlreichen Tieren Lebensräume, Nist-, Brut- und Versteckplätze.

Weidenruten werden im blattlosen Zustand zwischen November und Ende Februar und außerhalb der Brutzeiten von Vögeln geschnitten. Sie wachsen in der freien Natur an Gewässerrändern und auf feuchten Wiesen. Bevor Sie dort aber mit den Schneiden tätig werden, müssen Sie die Erlaubnis der Gemeinde oder der Grundstückseigentümer einholen.

Die besten Weiden für die Rutenernte:

- Silber-Weide *(Salix alba)*: gut biegsame Ruten, für größere Bauwerke geeignet
- Purpur-Weide *(S. purpurea)*: sehr elastische Ruten, für kleine bis mittlere Bauwerke geeignet
- Korb-Weide *(S. viminalis)*: sehr elastische Ruten, für Flechtarbeiten und kleine Bauwerke geeignet

Die früh blühenden Weiden sind wertvolle Insektennahrung im zeitigen Frühjahr, wenn es noch nicht viel anderes Futter gibt. Auch wenn Weidenkätzchen sehr hübsch in einem Frühlingsblumenstrauß aussehen, belassen Sie die wertvolle Kost bitte draußen.

Um Weidenruten zu ernten, sägen Sie gerade gewachsene, möglichst unverzweigte Weidenruten mit einer scharfen Säge knapp über dem Boden ab (bei Kopfweiden knapp über dem Kopf). Für Flechtarbeiten nehmen Sie junge, dünne Ruten, die noch biegsam sind. Für Zäune und kleinere Bauprojekte eignen sich die zwei- bis vierjährigen festeren Ruten besser, für große Bauten sollten die Ruten noch älter und stabiler sein.

Möchten Sie ein lebendiges Weidenprojekt errichten, sollten Sie möglichst noch am selben Tag mit dem Bau beginnen. Dann haben Sie die größte Gewähr, dass die Ruten auch tatsächlich anwachsen. Ein paar Tage lang können Sie die gebündelten Ruten auch feucht an einem schattigen Ort oder sogar in Wasser liegend lagern.

Steckt man frische Weidenruten in die Erde, wachsen sie an und schlagen jedes Jahr neu aus. Da sie nicht nur Blätter, sondern auch neue Triebe bilden, verändert sich das Bauwerk von Jahr zu Jahr. Daher müssen Sie möglicherweise einen regelmäßigen Rückschnitt einkalkulieren. Bauwerke aus trockenen Ruten hingegen bleiben so, wie sie sind; sie zeigen nur Zeichen von Verwitterung.

Tipp

Wenn Sie immer wieder Weidenruten benötigen, können Sie eine Weide (oder mehrere) in Ihren Garten pflanzen. Dazu können Sie auch einfach einen Weidenast in feuchte Erde stecken, er bewurzelt sich meist rasch.

Bauprojekt Weidenzaun

Aus Weidenruten lässt sich auch problemlos ein Weidenzaun bauen. Für einen 1 m hohen Zaun mit zwei Flechtstreifen von 15 bis 20 cm Breite im unteren und oberen Drittel benötigen Sie pro laufenden Meter vier bis fünf etwa 1,3 m lange zwei- bis vierjährige Weidenruten sowie einjährige Weidenruten zum Einflechten.

Aus vier bis fünf ebenso langen Weidenruten können Sie auch einen gekreuzten Weidenzaun bauen. Die Ruten zum Einflechten entfallen, dafür benötigen Sie Kokosbaumbinder zum Verbinden der Ruten an den Kreuzungspunkten.

Eine Grundstücksgrenze muss keine Festung sein, oft tut es auch solch ein filigraner, lebendiger Weidenflechtzaun, der alljährlich dichter wird.

Welch herrlich schattiger Sommer-Sitzplatz – eine Holzbank um den Baumstamm.

Solch eine rustikale Bank können Sie auch selbst bauen.

Hochwertiges Design hat auch bei den Holzmöbeln für draußen Einzug gehalten.

Der beste Zeitpunkt

Die beste Zeit für Bauprojekte mit frischen Weidenruten ist das zeitige Frühjahr, wenn der Boden nicht mehr gefroren ist. Die Ruten bilden dann bald nach dem Einpflanzen neue Wurzeln und treiben frische Blätter. Weiden brauchen einen hellen Standort, wählen Sie daher einen sonnigen bis halbschattigen Platz für ein lebendiges Weidenbauwerk. Weil Weiden sehr wuchsstark sind, sollten Sie einen Abstand von 3 m zu anderen Pflanzungen einhalten. Auch die gesetzlich geregelten Abstände zu Nachbargrundstücken sind einzuhalten. Wenn Sie mit trockenen Weidenruten bauen möchten, können Sie jeden Standort wählen und zu jeder Zeit bei frostfreiem Boden bauen.

Damit die Ruten schön biegsam und leichter zu verbauen sind, legen Sie das untere Ende zunächst in Wasser. Dann legen Sie die Grundfläche für das Weidenbauwerk fest und markieren sie. Nun stecken Sie die unteren Enden der Ruten – je nach Bauwerksgröße und erforderlicher Stabilität – mindestens 10 bis 30 cm tief in den Erdboden. Eventuell müssen Sie zuvor mit einer Eisenstange entsprechend tiefe Löcher in den Erdboden bohren. Die Äste müssen gut im Boden festgestampft werden, schlämmen Sie sie mit reichlich Wasser ein. Sollten einzelne Weidenruten nicht anwachsen, ersetzen Sie diese einfach durch neue.

So pflegen Sie ein lebendiges Weidenbauwerk

Ausgiebiges Gießen ist in den ersten Wochen nach dem Bau wichtig. Anschließend müssen Sie die feuchteliebenden Weiden je nach Witterung zusätzlich gießen. Offener Boden um die Weidenruten sollte mit einer Mulchschicht bedeckt sein. Die nachwachsenden Triebe können Sie entweder in das Bauwerk integrieren oder zurückschneiden.

Holz aus der Heimat

Holz gehört zu den beliebtesten Baumaterialien im Garten. Es findet Verwendung beim Bau von Zäunen, Gartenhäuschen, Pergolen, Lauben und vielem mehr. Holz ist stabil und im Außenbereich robust, wenn Sie auf die richtigen Hölzer setzen – auf Teak, Makore, Bangkirai und andere Tropenhölzer etwa, die aber aus vielen ökologischen Gründen nicht verwendet werden sollten. Eine ebenso lange Lebensdauer wie diese Tropenhölzer, von über 25 Jahren, hat Robinienholz. Es gilt als witterungsbeständigstes Holz aus europäischer Herkunft. Edelkastanien- und Eichenholz schneiden mit einer Haltbarkeit von bis zu 25 Jahren ähnlich gut ab. Da Eichenholz aber sehr teuer ist, ist das gerbstoffreiche, harte Holz von Robinien *(Robinia pseudoacacia)* und Edelkastanien *(Castanea sativa)* die erste Wahl im Naturgarten.

Sollten Sie dennoch auf Tropenhölzer zurückgreifen müssen, bestehen Sie unbedingt auf Hölzer mit FSC-Zertifizierung (Forest Stewardship Council). Sie stammen aus ökologischer und sozial gerechter Waldwirtschaft.

Haltbare Pfähle

Kesseldruckimprägnierte Pfähle sind grün, hölzern und lange haltbar, scheinen also gut zu sein. Doch der Schein trügt: Die so imprägnierten Hölzer sind voller schwermetallhaltiger Imprägniersalze, die natürlich durch Regen und Witterung auch in den Erdboden gespült werden. Die Naturgartenalternative sind Pfähle aus Kastanien- oder Robinienholz, die ohne Imprägnierung ebenso haltbar sind. Und später einfach im heimischen Ofen verbrannt werden können (anstatt sie einer gesonderten Müllverbrennung zuführen zu müssen).

Natursteine aus der Region

Wussten Sie, dass in den Steinwerken Indiens unzählige Kinder beschäftigt sind und unter unerträglichen Bedingungen (viel schlimmer als einst zu Teppichknüpferzeiten im Familienbetrieb) arbeiten, damit die große Nachfrage – auch aus Deutschland – nach Natursteinen befriedigt werden kann? Darum entscheiden Sie sich nicht nur im Garten, sondern auch bei der Wahl von Natursteinen für Fenstersimse, Küchenarbeitsplatten etc. für solche aus heimischer Herkunft, mindestens aber aus europäischer.

Die regionalen Natursteine – heller Jura etwa von der Schwäbischen Alb, Granit aus dem Oden- und Schwarzwald, Buntsandstein, Basaltlava, Andesit und viele mehr – sind sehr attraktiv und passen gut in die Gestaltung unserer Gärten. Sie sind als Boden-, Weg- oder Treppenbelag verwend-

Bauprojekt: Weidentipi

In ein Weidentipi mit einem Durchmesser von etwa 120 cm und einer Höhe von etwa 140 cm passen zwei bis drei Kinder hinein.

Zum Bau benötigen Sie:

- 10 bis 12 rund 2,5 m lange und 2 bis 4 cm starke Weidenruten
- Kokosbaumbinder

Bauanleitung:

- Zunächst schlagen Sie in die Tipimitte einen kleinen Holzpfahl ein. Mittels einer daran befestigten Schnur ermitteln Sie den gewünschten Radius des Tipis und markieren ihn mit Sägemehl oder Sand auf dem Boden.
- Nun bohren Sie mit einer Eisenstange 11 bis 13 etwa 20 bis 30 cm tiefe Löcher in den Boden, im Abstand von 30 bis 40 cm. In diese stecken Sie jeweils das untere Ende einer frisch angeschnittenen Weidenrute. Statt einzelner Löcher können Sie auch einen entsprechend tiefen Graben stechen, in den Sie die Ruten stellen. Für den Eingang wird in eines der Pflanzlöcher keine Weidenrute gesteckt, es bleibt frei. Erde gut an den Weidenruten feststampfen und mit reichlich Wasser einschlämmen.
- Die Weidenruten binden Sie in etwa 140 cm Höhe mit dem Kokosbaumbinder zusammen. Fertig!

Den unteren Bereich des Weidentipis können Sie auch bis in eine Höhe von 40 oder 90 cm mit einem waagerechten Weidengeflecht aus einjährigen Weidentrieben versehen, das verstärkt den Zeltcharakter dieses Kindertipis.

Pflanzen zur Begrünung: Hopfen *(Humulus lupulus)*, Zierliche Kapuzinerkresse *(Tropaeolum peregrinum)* oder Großblütige Wicke *(Vicia grandiflora)*.

bar, als Brunnen oder Trog, als Gartenmöbel, als Einfriedung, Sichtschutz oder Trockenmauer oder auch in Form von Splitt und Zierkies. Steine aus der Region weisen auch die beste Energiebilanz dank kurzer Transportwege auf.

Der Klassiker: Trockenmauer

Eine Steinmauer darf sich dann Trockenmauer nennen, wenn sie nur durch das Gewicht der Steine und ohne jedes Bindemittel gestützt wird. Weil Trockenmauern wichtige Lebensräume zahlreicher heimischer Tiere und Pflanzen und zudem recht einfach zu bauen sind, sollten Sie die vielfältigen Gestaltungsmöglichkeiten bedenken: Trockenmauern können Höhensprünge im Gelände auffangen, Terrassen bilden oder Böschungen stützen. Sie können aber auch als Vorbau unattraktive Wände schmücken, einreihig die Südseiten von Beeten säumen. Das hat den Vorteil, dass die Sonnenwärme eingefangen und an Boden und Pflanzen abgegeben wird. Eine Trockenmauer kann aber auch eine Sandgrube zum Spielen umgeben. So wird sie gebaut:

Heimische Natursteine aus Deutschland

Steinart	Handelsnamen heimischer Natursteine
Diorit	Fürstenstein, Hohwald
Granit	Anemone, Bayerwald Rosa, Blauenthal, Eging, Eitzing, Flossenbürg, Gertelbach, Herrnholz, Knaupsholz, Kösseine, Meissen, Metten, Mittweida, Raumünzach, Rinchnach, Rotenberg, Schwarzachtal, Thanstein, Waldstein, Wolfstein, Zufurt
Granodiorit	Kronreuth, Westlausitzer Granodiorit
Kalkstein	Aachener Blaustein, Jura, Kirchheimer Muschelkalk, Krensheim, Mooser Muschelkalk, Oberdorla, Solnhofen Stone
Lamprophyr	Sora
Lava	Lavastone
Sandstein	Abtswinder Sandstein, Abtswinder Schilfsandstein, Anröchter Stein, Bentheim, Buch, Burgpreppach, Casteller Sandstein, Cotta Sandstein, Dietenhan, Ebenheid, Finkenbach, Gemünda, Gnodstadt, Grauwacke, Grüntenstein, Heilbronn, Heilgersdorf, Heuchelberg, Hopfau, Ibbenbürener Sandstein, Kyllburg, Maulbronner, Miltenberg, Mönchssondheimer, Mühlbach, Neidenbach, Neubrunn, Oberkirchner Sandstein, Olsbrückener Sandstein, Postaer Sandstein, Röttbacher Sandstein, Ruhrsandstein, Sander Sandstein, Schleerith, Schoenbrunner Sandstein, Schweinsthal, Seebergen, Syburg, Trebgast, Udelfangen, Ummendorfer Sandstein, Weiler, Worzeldorfer Sandstein, Wrexen, Wüstenzell, Züschen
Schiefer	Theuma
Spessartit	Schneeflocke, Spremberger
Trachyt	Selters, Weidenhahn
Travertin	Bad Langensalza, Cannstatt
Tuff	Ettringer Tuff

Bauprojekt Trockenmauer

Eine Trockenmauer können Sie aus unförmigen, nicht oder wenig bearbeiteten Natursteinen bauen. Die Zwischenräume werden dann mit kleinen Steinbrocken gefüllt. Auf diese Füllung können Sie verzichten, wenn Sie eine Trockenmauer aus mehr oder weniger stark bearbeiteten Mauersteinen errichten, die nur kleine Zwischenräume entstehen lassen.

Wichtig: Am Fuß der Mauer muss deren Stärke ein Drittel der Mauerhöhe betragen, mindestens aber 40 cm!

Zum Bau benötigen Sie:

- unterschiedlich große Natursteine aus der Region
- Schotter oder Kies für das Fundament
- Sand, Kies oder Dränagerohre
- Holzstäbe und Schnur

Bauanleitung:

Zunächst wird das Fundament errichtet: Dazu müssen Sie den Oberboden komplett entfernen, so weit, bis Sie den gewachsenen Boden erreicht haben. Minimum 20 cm, besser 40 cm tief. Das Fundament ist auch mindestens 20 cm breiter als die Mauerstärke. Füllen Sie es mit grobem Schotter und Kies auf.

Dann markieren Sie den Verlauf der Mauer mit Holzstäben und einer gespannten Schnur.

Nun schichten Sie die Steine so auf, dass sie eine Schräge von mindestens 10 Prozent zur Hangneigung einnehmen. Wählen Sie stets den Stein, der optimal an den jeweiligen

Platz passt. 25 Prozent der Steine sollten auch so lang wie die Mauerstärke sein und so als Binder von einer Seite zur anderen verlaufen. Verwenden Sie die größten Steine unten und an den Ecken. Beachten Sie beim Schichten, dass niemals mehr als drei Fugen zusammenstoßen dürfen – und jede Fuge einer Schicht muss von einem Stein der nächsten Schicht bedeckt sein.

Eine Dränage aus lockerem Sand oder Kies hinter der Mauer sorgt dafür, dass das Regenwasser gut abfließen kann. Die Spalten hinter der Mauer können Sie mit Sand, Kies, Schotter oder magerer Erde verfüllen. Belassen Sie aber kleinere und größere Hohlräume für Tiere.

Besondere Sorgfalt gilt dem Bau der Mauerkrone. Legen Sie schon vorab größere Steine beiseite oder kaufen Sie spezielle Abschlussnatursteine (Kronsteine, Mauerdeckel).

Schon während des Baus können Sie die Trockenmauer mit geeigneten Pflanzen (siehe Seite 48) bepflanzen. Dabei dürfen Sie aber niemals extra Platz für die Pflanzen lassen. Die Pflanzen kommen in die Lücken, die auf natürliche Weise beim Schichten entstehen.

Integrieren Sie in die Trockenmauer einen lauschigen Sitzplatz. Damit Sie sich nicht beengt fühlen, sollte er mindestens 1,50 m breit sein.

■ Natursteine bilden hier eine Trockenmauer, die von den Pflanzen schon erobert wurde. In den Ritzen finden Insekten, Spinnen und andere Kleintiere zusagende Verstecke und machen die Mauer zu einem Jagdparadies für Eidechsen.

Vorbeugender Pflanzenschutz

Gleichgewicht
Achten Sie auch die als »Schädlinge« verrufenen Tiere als Bewohner dieser Erde mit Lebensrecht. Wie bei allen Lebewesen sind Massenvorkommen meist ungünstig für den gesamten Lebensraum. Dies zu unterbinden durch natürliche Maßnahmen ist die Aufgabe beim Pflanzenschutz.

Pflanzen so zu stärken, dass sie von Krankheiten oder vom Befall mit Insekten verschont bleiben, ist die Aufgabe des Pflanzenschutzes. Im Naturgarten findet er auf sanfte, aber dennoch wirkungsvolle Weise statt.

Gesunde und robuste Pflanzen trotzen den klimatischen, abiotischen und biologischen Herausforderungen, die es in jedem Garten gibt. Gestresste und schwächelnde Pflanzen hingegen werden leicht von sich massenhaft vermehrenden Tieren oder verschiedenen Krankheiten befallen. Auch das ist im Garten genauso wie in der freien Natur. Darum sorgen wir im Naturgarten für Balance.

Ringelblumen sind die besten Begleiter im Gemüsebeet, sie vertreiben Nematoden. Mit ihren fröhlichen orangefarbenen Blüten passen sie eigentlich zu jedem Gemüse – hier umgeben sie die Füße von Bohnen.

Da der Garten ein Teil der Natur ist, dürfen natürlich auch die heimischen Tiere darin leben. Und diese Tiere ernähren sich natürlich von den Pflanzen Ihres Gartens. Gesunden Pflanzen machen diese Fraßschäden wenig aus, gestressten schon.

Vorbeugen im Naturgarten

Sie merken schon, worauf es hinausläuft: Oberstes Gebot für Sie im Naturgarten ist es, dafür zu sorgen, dass die Pflanzen keinen Stress haben und sich wohlfühlen. Das ist keineswegs der Fall, wenn Blumen und Gemüse, Bäume und Sträucher regelmäßig mit synthetischen Pflanzenschutzmitteln besprüht oder begossen werden, wenn sie immer wieder unter starkem Durst leiden, ihnen zu viele oder zu wenige Nährstoffe verabreicht werden oder wenn sie in einem Boden wachsen müssen, der ihnen gar nicht behagt.

In einer natürlichen Wildsträucherhecke in der freien Natur oder in einer einzigen Eiche beispielsweise leben Tausende von Tieren und ernähren sich von deren Blättern, Blüten, Früchten. Selbst die Attacke von ganzen Heerscharen von Maikäfern überleben diese Pflanzen. Warum? Weil sie am richtigen Standort stehen! Im Garten ist dies oft anders: Weil der Mensch es will, müssen im Garten Rhododendren wachsen oder Rosen, egal ob dieser Garten in einem sandig-trockenen oder moorig-feuchten Gebiet liegt. Daher agieren Sie im Naturgarten so:

Gesunder Boden: Auf einem gesunden, lebendigen Boden gedeihen gesunde Pflanzen (siehe Seite 76). Wenn Sie dafür sorgen, haben Sie Ihre Pflanzen schon gut geschützt.

Standortgerechte Pflanzenwahl: Setzen Sie nur die Pflanzen in Ihren Garten, deren Standortansprüche Sie erfüllen können. Dazu finden Sie viele Hinweise bei den im zweiten Kapitel vorgestellten Bäumen, Sträuchern, Blumen und Gräsern.

Robuste Sorten: Wählen Sie nur robuste Pflanzen bei allen Arten und Sorten (siehe ab Seite 105).

Keine Monokultur: Abgesehen von teppichbildenden Pflanzen, wie Thymian oder vielen Frühjahrsblühern (z.B. Buschwindröschen, Lerchensporn etc.), sollte man Pflanzen einer Art nie großflächig anpflanzen. Setzen Sie stattdessen verschiedene Pflanzen zusammen, die sich gegenseitig unterstützen. Wählen Sie für Blumenbeete und Rabatten Blütenpflanzen, die auch in der freien Natur miteinander vergesellschaftet sind. Im Nutzgarten sind Mischkultur, Fruchtfolge und Fruchtwechsel die passenden Strategien (siehe Seite 113).

Artgerecht düngen: Versorgen Sie die Pflanzen nur mit so viel Dünger, wie sie tatsächlich benötigen. Viel hilft nämlich

Marienkäfer und ihre Larven werden zu Recht »Blattlauslöwen« genannt, denn sie vertilgen große Mengen der kleinen Sauger.

Tipp
Mit etwas Geduld sollten Sie auch auf massenhaftes Auftreten von »Schädlingen« reagieren: Geben Sie den »Nützlingen« etwas Zeit, sich einzufinden, denn für sie ist der Tisch ja nun besonders reichlich gedeckt.

keineswegs viel. Ihre Wahl sollte auf natürliche Dünger wie Kompost fallen (siehe Seite 78).

Mulchen, mulchen, mulchen: Vermeiden Sie offene Bodenstellen, bepflanzen Sie diese oder bringen Sie stattdessen natürliche Mulchmaterialien aus (siehe Seite 78).

Auf Nützlinge setzen: Bieten Sie den heimischen Tieren – Insekten, Spinnen, Eidechsen, Vögeln, Fledermäusen, Igeln und Co. – Lebensraum in Ihrem Garten. Sie rücken manchem ungebetenen Gast zu Leibe und sind die tierischen Helfer an Ihrer Seite (siehe Seite 94).

Mehr Kraft für die Pflanzen: Stärken Sie Blumen, Bäume, Sträucher, Gemüse und Kräuter durch Blütenextrakte, Jauchen, Brühen, Tees und Kräuterauszüge (siehe Seite 93).

Denken Sie voraus und setzen Sie vorbeugende Maßnahmen ein, damit Schnecken erst gar nicht in Massen auftreten oder Krankheiten günstige Ausbreitungsbedingungen finden.

Was tun gegen Schädlinge und Krankheiten?

Schädling / Krankheit	Vorbeugung	Bekämpfung
Blattläuse	ausgewogen düngen, nicht zu viel Stickstoff geben, regelmäßig Zwiebel- oder Knoblauchtee spritzen	Brennnesselauszug, Farnkrautbrühe, Seifenbrühe
Echter Mehltau	widerstandsfähige Sorten pflanzen, nicht zu viel Stickstoff düngen, nicht zu eng pflanzen, 300 ml Magermilch oder Molke mit 1 l Wasser gemischt spritzen	wöchentlich Lecithinpräparat (im Handel erhältlich) spritzen
Falscher Mehltau	nicht zu viel Stickstoff düngen, nur morgens gießen	kranke Blätter entfernen, wöchentlich Schachtelhalmbrühe spritzen
Grauschimmel	für ausreichend Licht, Luft und lockeren Boden sorgen, Boden mit Stroh mulchen	befallene Pflanzenteile entfernen, wöchentlich Schachtelhalmbrühe spritzen, alle 2 Wochen Brennnesseljauche gießen
Tomatenkrankheiten	an einen vor Regen geschützten Platz pflanzen (unter ein Dächlein), bodennahe Blätter entfernen, nicht über die Blätter gießen, mulchen	wöchentlich 300 ml Magermilch oder Molke mit 1 l Wasser gemischt spritzen

Dazu gehört auch das Beachten des richtigen Zeitpunkts, etwa beim Gießen (siehe Seite 81).

Halten Sie beim Pflanzen ausreichend große, arttypische Abstände ein, denn manche mögen's eng, andere brauchen etwas Distanz. Dadurch kann genügend Luft zwischen den Pflanzen zirkulieren, die Blätter trocknen nach Regen schneller ab und bieten Pilzkrankheiten weniger Chancen.

Wenn dann doch der Notfall eingetreten ist: Verzichten Sie auf den Einsatz von synthetischen Pflanzenschutzmitteln! Wählen Sie stattdessen physikalische, biotechnische oder mechanische Maßnahmen des Pflanzenschutzes wie Absammeln, Abwischen und ähnliches.

Übrigens haben auch Pflanzen Möglichkeiten, sich gegen Fraßattacken zu wehren – und sie machen davon auch Gebrauch, zum Beispiel durch Einlagerung von giftigen oder ätherischen Substanzen in ihre Zellen. Beim Auftreten von nicht willkommenen Kostgängern können manche auch chemische Warnstoffe an die Luft abgeben, die die Artgenossen dazu veranlassen, bittere, scheußlich schmeckende Gerbsäfte durch die Pflanze zu pumpen. Bäume und Sträucher tun dies zum Beispiel.

Günstige Pflanzenkombinationen

Manche Pflanzen scheinen sich richtiggehend zu mögen, während andere im ständigen Unfrieden miteinander leben. Letzteres bedeutet Stress, den es nicht nur im menschlichen Leben, sondern auch im Garten zu vermeiden gilt. Auch Pflanzen »laufen« in solchen Situationen weg, indem sie darben und ihre Gesundheit und Wuchskraft verlieren. Stellen Sie daher gute Pflanzenteams in Ihrem Garten zusammen.

Rosen und Lavendel mögen sich richtig gern. Beide gedeihen an einem luftigen, sonnigen Standort und fördern sich gegenseitig beim Wachsen und Gesundbleiben. Die ätherischen Öle des Lavendels vertreiben Blattläuse und Ameisen. Auch Dost und Katzenminze sind dank ihrer ätherischen Öle gute Partner im Rosenbeet. Noch mehr Pflanzenfreunde entnehmen Sie dem Mischkultur-Kasten auf Seite 115.

Jauchen, Brühen, Auszüge, Tees

Verschiedene Wildkräuter sind die Grundlage für pflanzenstärkende, düngende, schädlings- und krankheitsbekämpfende Mittel. Man kann daraus Brühen, Jauchen, Auszüge und Tees herstellen. Weil die Zubereitung so einfach und die Wirkung auf sanfte Weise so überzeugend ist, gehören diese Mittel ganz selbstverständlich in einen Naturgarten. Die Wildkräuter enthalten arttypische Substanzen wie ätherische Öle, Silikate, schwefelhaltige Verbindungen, Gerb- und Bitterstoffe oder verschiedene Elemente wie Kalium, Kalzium, Mangan, Magnesium, Eisen und andere. Sie wirken beim Ausbringen der Mittel desinfizierend, wachstumsfördernd, immunsystemanregend oder schädlingsabweisend.

Zum Ansetzen der Wildkräuter benötigen Sie:

- ein großes Gefäß (Fass, Tonne, Topf) aus Holz, Steingut, Ton oder Polyäthylen mit passendem Deckel
- mehrere Eimer aus Kunststoff
- eine Küchenwaage
- einen Messbecher
- einen durchlässigen Baumwoll-Stoffbeutel
- einen großen Holzlöffel oder Holzstab zum Umrühren

Tipp

Legen Sie in Ihrem Garten doch ein Wildkräuterbeet für Jauchen und Brühen an, auf dem die Pflanzen wachsen, die Sie für Ihre bewährten Rezepturen benötigen.

Schnecken im Garten?

Nacktschnecken wegsperren, anstatt sie zu töten, ist einfacher, als Sie denken. Schnecken sind nachtaktiv und feuchtigkeitsliebend. Sind sie in Ihrem Garten ein Thema, dann können Sie folgende Maßnahmen vorbeugend ergreifen:

- morgens gießen, nicht abends
- Boden regelmäßig lockern, auch nach jedem Regen
- Schnecken tagsüber an Schlafplätzen (unter ausgelegten Brettern) absammeln und aus dem Garten entfernen
- ein Paradies für Igel, Spitzmäuse und Laufkäfer schaffen (siehe Seite 94)
- gefährdete Beete mit einem rundum geschlossenen Schneckenzaun aus glatten Materialien mit überstehender Kante oder Salzrinne (im Handel erhältlich) umgeben, den sie regelmäßig auf Unpassierbarkeit kontrollieren müssen
- um gefährdete Beete einen 30 bis 50 cm breiten Schutzstreifen aus feinkörnigen Materialien mit rauer Oberfläche (Sägemehl, Sand, Gesteinsmehl, trockener Kaffeesatz) anlegen, nach Regenfällen erneuern

Da Nacktschnecken als Bodentiere keine Höhen erklimmen, setzen Sie doch einfach die von ihnen so heiß geliebten Pflanzen in Töpfe, die Sie auf die Sprossen einer Holzleiter stellen.

Auf einfache Weise können Sie mit einem Kulturschutznetz Möhren vor der Möhrenfliege schützen, die im April und Mai fliegen. Alternative: Sie säen Möhren erst im Juni aus.

Jauche ansetzen

Schneiden Sie die frischen oder getrockneten Wildkräuter klein und geben Sie sie in einen durchlässigen Stoffbeutel, den Sie mit der in der Tabelle angegebenen Menge Wasser in ein ausreichend großes Gefäß hängen. Decken Sie das Gefäß ab, damit keine Vögel oder anderen Tiere hineinfallen und ertrinken können. Den Jaucheansatz müssen Sie täglich umrühren.

Nach ein paar Tagen setzt die Gärung ein. Um die Geruchsbildung zu reduzieren, mischen Sie Baldrianextrakt, Bentonit, Eichenblätter oder Urgesteinsmehl unter. Wenn sich nach zwei bis drei Wochen kein Schaum mehr bildet, entfernen Sie den Beutel mit den Kräutern. Nun können Sie die Jauche einsetzen.

■ **Beinwelljauche aus grob geschnittenen Blättern enthält viel Kalium. Neben ihrer pflanzenstärkenden Wirkung fördert sie die Blüten- und Fruchtbildung und aktiviert den Kompost.**

Auszug ansetzen

Ein Kräuterauszug wird manchmal auch Kaltwasserbrühe genannt. Dazu zerkleinern Sie die frischen oder getrockneten Kräuter und lassen sie 24 Stunden lang in kaltem Wasser (Menge siehe Tabelle) an einem kalten, dunklen Platz ziehen. Mehrmals umrühren. Danach sieben Sie die Kräuter ab, verdünnen den Auszug im Verhältnis 1 zu 10 mit Wasser und setzen ihn sofort ein.

Brühe ansetzen

Weichen Sie die zerkleinerten frischen oder getrockneten Kräuter 24 Stunden lang in Wasser ein. Dann kochen Sie diesen Sud auf und lassen ihn 20 Minuten lang köcheln. Nach dem Abkühlen werden die Kräuter abgeseiht und die Brühe ist einsatzfertig.

Schmierseifenbrühe, die gegen Blattläuse, Spinnmilben, Weiße Fliegen und Wollläuse wirkt, erhalten Sie, wenn Sie 20 ml reine Schmierseife (ohne Parfümzusatz) in 1 l warmem Wasser lösen und 30 ml Spiritus zusetzen. Bei Befall unverdünnt spritzen.

Tee ansetzen

Zerkleinern Sie die frischen oder getrockneten Kräuter und übergießen Sie sie mit kochendem Wasser. Wenn die Kräuter 30 bis 60 Minuten lang gezogen haben, werden sie abgeseiht. Rühren Sie etwas Lecithin unter den Tee, dann haftet er besser auf den Pflanzen. Nach dem Abkühlen wird der Tee sofort verwendet.

Baldrianblütenextrakt herstellen

Ernten Sie im Juni/Juli die Blüten von Baldrian *(Valeriana officinalis)*, wenn sie voll aufgeblüht sind. Entfernen Sie möglichst alle groben Blütenstiele und feuchten Sie die Blüten mit etwas Regen- oder Quellwasser an. Nun pressen Sie die Blütenwassermischung durch ein Küchentuch und füllen den Brei in ein sauberes Marmeladenglas ab. Bewahren Sie den Extrakt an einem dunklen, kühlen Ort auf.

Geben Sie im Frühjahr 30 bis 50 Tropfen dieses Extrakts in das Gießwasser. Er fördert die Blüten- und Fruchtbildung, etwa bei Bohnen, Erbsen, Erdbeeren und Gurken.

Bewährte natürliche Mittel

Bewährte Jauchen

Wildkraut	Ansatz (Menge für 10 l Wasser)	Anwendung	Wirkung
Adler- *(Pteridium aquilinium)* oder Wurmfarn *(Dyopteris filix-mas)*, Kraut	1 kg frisch oder 100 g getrocknet, Walnussschalen zugeben	unverdünnt Obstbäume im Spätwinter spritzen, unverdünnt bei Bedarf gießen	gegen Blatt-, Blut-, Schild- und Schmierläuse
Beinwell *(Symphytum officinalis)*, Kraut	1 kg frisch oder 150 g getrocknet	1 zu 10 mit Wasser verdünnt gießen oder spritzen	pflanzenstärkend
Brennnessel *(Urtica dioica)*, Kraut	1 kg frisch oder 200 g getrocknet	unverdünnt auf Kompost, 1 zu 10 mit Wasser verdünnt gießen	fördert die Kompostbildung, wachstumsfördernd, pflanzenstärkend, gegen Blattläuse
Knoblauch *(Allium sativum)* oder Zwiebel *(Allium cepa)*, Blätter und Schalen	500 g frisch	unverdünnt alle 10 Tage spritzen, unverdünnt bei Bedarf spritzen	gegen Möhrenfliege, gegen Milben
Wermut *(Artemisia absinthium)*, Blüten und Kraut	300 g frisch oder 30 g getrocknet	unverdünnt bei Bedarf spritzen	gegen Ameisen, Blattläuse, Raupen, Johannisbeersäulenrost
Brennessel-Auszug (Kaltwasserbrühe)			
Brennnessel *(Urtica dioica)*, Kraut	1 kg frisch	unverdünnt bei Bedarf spritzen	gegen Blattläuse
Bewährte Brühen			
Ackerschachtelhalm *(Equisetum arvense)*, Kraut	1 kg frisch oder 150 g getrocknet	150 ml auf 1 l Wasser, ab Austrieb spritzen	beugt Pilzkrankheiten vor (bei Kernobst und Rosen)
Adler- *(Pteridium aquilinium)* oder Wurmfarn *(Dryopteris filix-mas)*, Kraut	1 kg frisch oder 190 g getrocknet	unverdünnt spritzen	beugt Blattlausbefall vor
Rainfarn (*Tanacetum vulgare)*, Blüten und Kraut	400 g frisch oder 40 g getrocknet	400 ml auf 1 l Wasser, spritzen	beugt Pilzkrankheiten vor, gegen Milben an Beerenobst
Bewährte Tees			
Echte Kamille *(Matricaria recutita)*, Blüten	50 g frisch oder getrocknet	unverdünnt spritzen	pflanzenstärkend
Knoblauch *(Allium sativum)* oder Zwiebel *(Allium cepa)*, Blätter und Schalen	500 g von frischen Pflanzen	1 zu 10 mit Wasser verdünnt gießen	gegen Pilzkrankheiten, pflanzenstärkend
Meerrettich *(Armoracia rusticana)*, Blätter und Wurzeln	300 g frisch	unverdünnt 3–4-mal Blüten von Kirschen spritzen	vorbeugend gegen *Monilia*-Spitzendürre
Rhabarber *(Rheum rhabarbarum)*, Blätter	2 kg frisch	unverdünnt wöchentlich spritzen oder gießen	gegen Braun- und Krautfäule bei Tomaten, gegen Schnecken

Tipp

Pflanzenextrakte aus Ackerschachtelhalm, Baldrianblüten und anderen Wildkräutern können Sie auch im Gartenfachhandel kaufen. Diese Mittel müssen nur noch gemäß der Packungsanleitung mit Wasser vermischt werden.

Tiere in den Garten locken

Futterpflanzen
Gartenschmetterlinge mögen: Brennnessel, Buchweizen, Büschelschön, Habichtskraut, Hornklee, Kugel-Distel, Lavendel, Natternkopf, Sal-Weide, Schlehe, Sonnenhut, Spitzwegerich, Tauben-Skabiose, Wiesen-Flockenblume, Wiesen-Witwenblume, Wilde Möhre und Wildgräser.

Im Naturgarten sind die Pforten für die heimischen Tiere weit geöffnet. Wir laden sie ein und bieten Vögeln, Igeln, Schmetterlingen, Bienen und den anderen Tieren einen Lebensraum, in dem sie sich wohlfühlen.

In einem gesunden Garten herrscht ein natürliches Gleichgewicht zwischen Pflanzen und Tieren. Über die Nahrungsketten wird der Bestand so geregelt, dass alle ein Auskommen haben. Natürliche Gleichgewichte sind dynamische, keine statischen, wie es manch Gärtner gerne hätte. Ein Beispiel: Vermehren sich etwa Blattläuse in großem Maße, so ist nicht in der nächsten Stunde eine entsprechend große Zahl an Marienkäfern da, um die Blattläuse zu jeder Zeit auf einer bestimmten Zahl zu halten. Die Marienkäfer brauchen etwas Zeit, um in den Blattlauskolonien Eier zu legen, aus denen die Larven schlüpfen. Diese Zeit von sechs bis zehn Tagen, in denen wir die zusehends größer werdende Schar von Blattläusen erdulden müssen oder höchstens sanft (etwa durch mechanische Bekämpfung wie abstreifen) regulieren dürfen, geben wir den Marienkäfern und anderen Blattlausvertilgern gern. Sie stellen dann auf rasche, natürliche und völlig schadstofffreie Weise das Gleichgewicht wieder her. So funktioniert Natur, wie wir sie auch im Garten wünschen.

In einen großen Garten passt solch ein großes Insektenhotel, in dem staatenlose Wildbienen und -wespen ihre Eier ablegen und andere Kleintiere Unterkünfte finden.

Insektenparadies Naturgarten

Neun von zehn Gartentieren, die wir beobachten können, sind Insekten. Sie bestäuben Blüten, verbreiten Samen, dienen Vögeln und vielen anderen Tieren als Nahrung und halten sich gegenseitig in Schach. Den Insekten verdanken wir es, dass es Äpfel, Birnen, Him- und Brombeeren gibt und wir uns an so vielen Vögeln erfreuen können. Zugvögel fliegen wegen der Insekten jedes Jahr aus dem Süden zu uns, anstatt in Afrika oder im Mittelmeerraum zu brüten. Insekten sind wichtig und ihre Vielfalt ebenso. Damit sie uns erhalten bleibt oder – angesichts dramatischer Rückgänge – wieder besser wird, schaffen Sie im Naturgarten ein Insektenparadies. Denn wo für Insekten paradiesische Zustände herrschen, folgen Igel, Fledermäuse, Kröten, Eidechsen, Vögel und viele mehr.

So machen Sie aus Ihrem Garten ein Insektenparadies:

- heimische Bäume und Sträucher pflanzen
- intakte Fassaden und Mauern mit heimischen Kletterpflanzen begrünen, z.B. Efeu *(Hedera helix)*, Waldrebe *(Clematis*-Arten), Wald-Geißblatt *(Lonicera periclymenum)*
- wildblumenreiche Wiese und/oder Wildblumenbeet anlegen

- Kräuterbeet pflanzen, z.B. mit Borretsch, Minze, Oregano, Salbei, Schnittlauch, Thymian etc.
- wilde Ecke mit Wildkräutern wie Brennnesseln, Disteln und anderen »Unkräutern« anlegen
- auf nektar- und pollenlose Zuchtsorten verzichten
- verblühte Stauden über den Winter stehen lassen
- Totholz- und Steinhaufen einrichten
- Trockenmauer anlegen
- offene Sandflächen und sandhaltige Fugen anbieten
- keine Insektizide einsetzen

Wer darüber hinaus aktiv werden will, kann mit ein paar handwerklichen Maßnahmen Insekten noch zusätzlichen Wohnraum im Garten verschaffen.

Bauprojekt Insektenhotels

Hotel 1: Mauer-, Scheren- und Löcherbienen sowie Grab-, Lehm- und Mauerwespen und andere Wildbienen gründen keinen Insektenstaat, sondern legen ihre Eier vornehmlich in enge Hohlräume mit Durchmessern zwischen 2 und 11 mm. Diese Hohlräume bietet ein Insektenhotel aus bleistiftlangen Schilf-, Stroh- und Bambushalmen oder aus Hartholzblöcken oder -stücken mit bohrertiefen glattrandigen Löchern. Auch geschichtete Äste und Holzscheite, trockene Holunderzweige oder Lehmblöcke mit Nistlöchern bieten ausreichend Platz. Stellen Sie das überdachte Insektenhotel an einen warmen, wind- und regengeschützten Platz.

Für Marienkäfer, die als ausgewachsene Käfer überwintern, stellen Sie einen mit Holzwolle gefüllten, geschlossenen Holzkasten mit ein paar centgroßen Einfluglöchern ins Insektenhotel.

Hotel 2: In Hummel- und Hornissenkästen gründen diese Hautflügler alljährlich im Frühjahr ihre neuen Staaten, die am Anfang des darauf folgenden Winters schon wieder zugrunde gehen; nur die befruchteten Weibchen überwintern als zukünftige Königinnen in frostfreien Verstecken.

Hotel 3: Florfliegen und Ohrwürmer verkriechen sich in mit Weizenstroh gefüllte Behausungen, etwa ein kleines Holzkästchen im Obstbaum. Rostrot angestrichen, zieht es noch mehr Florfliegen an.

Wichtig beim Bohren der Nistlöcher in Hartholz sind glatte Bohrlochränder.

Gelber Blütenstaub hat den Körper der Roten Mauerbiene eingepudert.

Die bräunlichen Larven der hübschen Florfliegen stellen Blattläusen nach.

Hotel 4: Sand- und Furchenbienen, Grab- und Wegwespen besuchen pflanzenarme Sand- und Kiesflächen sowie sandhaltige Fugen zwischen Steinplatten, um dort ihre Eier zu legen. Trockene sandige Stellen unter der regenschützenden Dachtraufe sind Jagdgebiete des Ameisenlöwen, der Larve der florfliegenverwandten Ameisenjungfer.

Igel, Spitzmäuse und andere kleine Säugetiere

Zahlreiche kleine Säugetiere leben oder besuchen zeitweise den Garten. Igel und die kleinen Spitzmäuse (vor allem Garten- und Hausspitzmaus) gehören zu den beliebtesten, denn sie ernähren sich von Insekten, Spinnen und auch Schnecken. Da sie sehr hungrig sind, werden sie in einem Garten gar nicht satt. Eine Spitzmaus vertilgt zum Beispiel jeden Tag so viel Nahrung, wie sie selbst wiegt. Durchlässige Zäune, die im Bodenbereich mindestens 10 cm offen sind, ermöglichen es ihnen, bei der Nahrungssuche von Garten zu Garten zu wandern. Noch besser wäre eine Wildstrauchhecke als Grundstückseingrenzung.

Obwohl der Maulwurf auch nur tierische Nahrung frisst – darunter neben Regenwürmern auch die an Wurzeln knabbernden Engerlinge und Schnecken –, ist er wegen der auffälligen Maulwurfshaufen im Garten weniger beliebt. Dabei

■ Die Blüten des Schmetterlingsstrauches *(Buddleja davidii)* sind, trotz der asiatischen Herkunft dieser Sträucher, ein Magnet für Schmetterlinge wie die häufigen Tagpfauenaugen.

■ In dem mit Stroh oder Rindenmulch gefüllten Schmetterlingshäuschen finden Tagfalter eine geschützte Bleibe.

sorgt er bei seinen Grabtätigkeiten für eine gute Durchmischung der Bodenschichten. Sollte ein Maulwurf in Ihrem Garten leben, so nehmen Sie's einfach gelassen.

Auf einfache Weise können Sie den Garten igelfreundlich gestalten. Dazu pflanzen Sie eine Hecke aus heimischen Wildsträuchern (keine laublose Thuja- oder Kirschlorbeerhecke!) als Eingrenzung. In einem großen Garten kann es auch eine Bentjeshecke aus Gestrüpp sein. Dort findet der Igel reichlich Unterschlupfmöglichkeiten. Belassen Sie das Laub unter den Sträuchern, damit sich der Igel dort über den Winter verkriechen kann. Verzichten Sie auf versiegelte Flächen, die für Pflanzen und Tiere nutzlos sind und auf denen das Wasser nicht versickern kann: Im Naturgarten bleiben die Platten- und Mauerfugen offen und unverfugt. Beton und Asphalt hat dort keinen Platz.

Auf englischem, kurz geschorenem Rasen gibt es für den Igel nichts zu fressen, auf einer Blumenwiese schon. Wenn Sie Spielflächen für Kind und Hund benötigen, dann geben Sie der Blumenwiese zumindest am Rand und an wenig begangenen Stellen eine Chance. Natürlich wachsen im igelfreundlichen Garten vor allem heimische Blumen, Sträucher und Bäume, denn sie dienen den Insekten als Nahrung, Brutplatz und Versteck, von denen sich der Igel ernährt. Sichern Sie mögliche Igelfallen wie offene Kellerschächte durch Abdecken oder steile Kellertreppen mittels durchgängiger Schrägflächen von Stufe zu Stufe.

Igel-Unterschlupf

Igel bauen ihr Nest am liebsten in dichtes Gebüsch, unter Baumwurzeln, in pflanzenüberwucherte Stein-, Reisig- oder Totholzhaufen, in Garten- und Geräteschuppen sowie unter Bretter- oder Holzpalettenstapeln. Räumen Sie solche Stapel daher niemals zwischen November und April ab.

Familie Igel: Die Kleinen kommen erst im August/September auf die Welt und müssen rasch an Gewicht zulegen.

Ein unten offenes, mit Laub ausgepolstertes Igelhotel stellen Sie zwischen Sträuchern auf. Darin kann ein Igel nicht nur überwintern, sondern auch seinen Nachwuchs großziehen.

Tipp

Hängen Sie so viele Nistkästen wie möglich auf. Davon profitieren die Zugvögel unter den Nistkastenbrütern wie beispielsweise Schnäpper und Rotschwänze.

Ganz wichtig: Keine Insektizide! Sie töten nicht nur die »schädlichen« Insekten, sondern entziehen dem Igel auch seine Nahrungsgrundlage. Sorgen Sie stattdessen dafür, dass sich im Garten ein natürliches Gleichgewicht einstellen kann, indem Sie die »nützlichen« Tiere wie Marienkäfer, Flor- und Schwebfliegen, Schlupfwesen und Spinnen fördern.

Fledermäuse im Garten

Bei uns kommen über 20 Fledermausarten vor, von denen etliche auch im Garten leben. Die häufigsten Fledermäuse im Garten sind: die Zwergfledermaus, sie jagt gern um Straßenlampen. Die Breitflügelfledermaus und der Abendsegler, letzterer jagt schon in der Dämmerung über den Bäumen. Das Braune Langohr sucht Blattwerk nach Insekten ab.

Als Insektenfresser brauchen die nachtaktiven Fledermäuse reichliche und gemischte Insektenkost aus kleinen und großen Mücken, Fliegen, Schnaken, Käfern, Faltern sowie gute Jagdgründe. Einen solchen können Sie mit einem Beet aus nachtduftenden Pflanzen gestalten, die insbesondere Nachtfalter anlocken. Zu den Nachtduftern gehören z. B. Borretsch *(Borago officinalis)*, Duftlevkoje *(Matthiola incana)*, Lichtnelke *(Silene latifolia)*, Nachtkerze *(Oenothera*-Arten), Nachtviole *(Hesperis matronalis)*, Seifenkraut *(Saponaria*

Meisen, wie hier die Blaumeise, gehören zu den häufigsten Bewohnern von Nistkästen, die für sie perfekte Ersatzwohnung für verlassene Spechthöhlen sind.

Bewohnte Fledermauskästen erkennen Sie an den zwitschernden Lauten der Fledermäuse und am Kot, der darunter liegt.

officinalis), Türkenbund-Lilie *(Lilium martagon)*, Waldhyazinthe *(Platanthera bifolia)*, Wegwarte *(Cichorium intybus)* und Wald-Geißblatt *(Lonicera periclymenum)*.

Damit Fledermäuse den Tag über gute Verstecke zum Ruhen finden, sollten Sie warme, zugfreie Dachböden, Wandverschalungen und Kellerräume durch etwa 3 mal 5 cm große Schlitze zugänglich machen. Selbstverständlich erhalten Sie bestehende Fledermausquartiere etwa in Baumhöhlen, unter Dächern und an allen anderen Plätzen. Fledermäuse sind nämlich sehr konservative Tiere und besuchen alljährlich dieselben Unterkünfte für die sommerlichen Wochenstuben und die Überwinterung. Nur ungern nehmen Sie neue Quartiere an, wie zum Beispiel aufgehängte Fledermauskästen. Gibt es auf Ihrem Grundstück schon eine Fledermauskolonie, so können Sie etwas von dem Kot in den neu aufgehängten Fledermauskasten einbringen – dadurch duftet er schon nach Fledermaus und wird rascher besiedelt.

Ein Garten für Vögel

In den Gärten leben verschiedene Vogelarten, manche brüten auch darin. Wesentliche Voraussetzung für das Kommen und Bleiben der Vögel sind Gehölze, am besten heimische Laubbäume und Sträucher. Dies liegt daran, weil die meisten typischen Gartenvögel ursprünglich im Wald oder in gebüschreichen offenen Landschaften heimisch waren.

Vögel brauchen das ganze Jahr über Futter, Wasser und Versteckmöglichkeiten sowie geeignete Brutplätze zum Aufziehen der Küken. Damit sich auch in Ihrem Garten bis zu 100 verschiedene Vogelarten als Besiedler oder Gäste wohlfühlen, sollte er Folgendes bieten:

- ungemähte Wiesenbereiche
- Wildstrauchhecken mit dornigen und Wildfrüchte tragenden Sträuchern
- heimische Bäume
- begrünte Fassaden
- heimische Wildstauden
- Wiesenblumen und Disteln
- Wildkräuter
- stehendes und liegendes Alt- und Totholz
- Reisighaufen und/oder Holzstapel
- Komposthaufen (für Würmer)
- Steinhaufen und/oder Trockenmauer
- fließendes Wasser
- Vogeltränke oder stehendes Wasser
- Vogelfutterstelle, am besten ganzjährig
- offen zugängiger Schuppen oder Dachstuhl
- zahlreiche Nistkästen für Höhlen- und Halbhöhlenbrüter

Eine unaufgeräumte Wildecke bietet den Vögeln viel pflanzliche und tierische Nahrung. Belassen Sie die Wildfrüchte an den Sträuchern, denn Vögel fressen im Winter lieber gefrorene als getrocknete Beeren.

Futterangebot für Vögel

In einem strukturreichen, lebendigen Naturgarten mit einem bunten Nebeneinander von heimischen Baum- und Straucharten (Obstbäume, Beerensträucher, Faulbaum, Felsenbirne, Hartriegel, Heckenkirsche, Pfaffenhütchen, Schneeball, Schwarzer Holunder), Wildstauden, -blumen und -kräutern (Disteln, Engelwurz, Flockenblume, Karden, Knöterich, Königskerze, Mädesüß, Natternkopf, Steinklee, Wegwarte) finden zahlreiche Vogelarten reichlich Nahrung. Einen Teil der Früchte unbedingt bis in den Winter hinein hängen lassen.

Dieses Futterangebot sollten Sie den Vögeln an den Futterstellen im Garten anbieten:

- Streufutter mit Sonnenblumenkernen, Hanf und Erdnüssen (wenig Weizen) am Boden, im Futterhaus, in Futterspendern und -säulen
- in Sonnenblumen- oder Olivenöl getränkte Haferflocken im Futterhaus
- Meisenknödel, Meisenringe und ähnliches geformtes Fettfutter. Die Bestandteile sind Rindertalg mit Weizenkleie, Sonnenblumenkernen, Hanf, Haferflocken und gehackte Nüsse, auch Rosinen und getrocknete Insekten können enthalten sein.
- Rosinen und Apfelschnitze

Tipp

In kalkarmen Gebieten können Sie den Vögeln Naturkalkstoffe wie etwa Schulpe, Vogelgrit und Ähnliches anbieten.

NATURPARADIES IM HERBEN HUNSRÜCK

Bild rechts:
Eine Trockenmauer bildet den »Gartenzaun«, die Rosskastanie schützt das Haus vor Einblicken von der Straße.

Bild unten:
Am Gartenteich gibt es immer etwas zu beobachten und zu entdecken.

Als die Boomgaardens vor 25 Jahren das ehemalige Schulhaus im Hunsrück kauften, gab es dort noch keinen eigentlichen Garten. Er ist erst mit der Familie gewachsen und im Lauf der Zeit zogen immer mehr tierische und pflanzliche Lebewesen ein.

»Unser Garten hat eine sehr lebendige Geschichte«, sagt Heike Boomgaarden, eine leidenschaftliche Naturgärtnerin. »Er hat sich mit den Jahren immer wieder verändert. Denn wenn man der Natur einen Platz zum Entfalten gibt, wandelt sich der Garten fortlaufend.« Beim Einzug der Familie befand sich vor dem Haus der Schulhof und hinter dem Haus viel Platz zum Wäscheaufhängen. In den ersten Jahren, in denen das Schulhaus innen renoviert wurde, nutzten die Kinder den Schulhof noch als wunderbaren Spielplatz. Als sie älter wurden und immer weniger direkt am Haus spielten, hat die Familie den Schulhof abgetragen, das Grundstück aufgefüllt, eine wunderschöne Naturstein-Trockenmauer gebaut und einen großen Teich angelegt. Dieser bildet heute den Mittelpunkt des Gartens.

Auch im hinteren Garten hängt schon lange keine Wäsche mehr. Dort wächst nun eine Vogelschutzhecke mit Färber-Ginster *(Genista tinctoria)*, Liguster *(Ligustrum vulgare)*, Niedriger Heckenkirsche *(Lonicera nitida)*, Pfeifenstrauch *(Philadelphus coronarius)*, Trauben-Kirsche *(Prunus padus)*, Schwarzem Holunder *(Sambucus nigra)* und vielem mehr. Außerdem gibt es dort ein großes Naturstaudenbeet und einen kleinen Teich. Heike Boomgaarden hat in ihren Garten nicht nur heimische Gehölze, sondern auch heimische Wildstauden gepflanzt, denn diese stehen bei Vögeln hoch im Kurs.

Rund ums Haus

Das Haus erreicht man über einen gepflasterten Weg, der an Blumenbeeten und alten Sandsteintrögen vorbeiführt. Es ist Teil der Gartengestaltung. Um die blauen Fensterläden wachsen, jedes Jahr üppiger, Kletter-Hortensien. Eine Kräuterspirale direkt neben der Terrasse liefert alle Kräuter, die Heike Boomgaarden frisch oder selbst getrocknet in der Küche braucht. Damit sich der Garten in Gartenräume unterteilt, hat Heike Boomgaarden vor vielen Jahren ein Hainbuchentor gepflanzt. Es ist heute so groß, dass es das schönste schattige Plätzchen bildet und wunderbar zum Lesen einlädt. In diesem Tor hängen Vogel-Nistkästen, die aber lieber von anderen Gartenbewohnern angenommen werden. Neulich hauste sogar ein Hornissenvolk drin.

Alle Bäume im Garten haben eine eigene kleine Geschichte, die Heike Boomgaarden gern erzählt. »Die Rosskastanien haben wir gepflanzt, weil

Bild oben:
Eine kleine Treppe führt vom Haus in den hinteren Garten.

Bild unten links:
Heike Boomgaarden holt sich ihren Garten frisch geschnitten ins Haus.

Bild unten rechts:
Im Frühbeet gibt fünf Tage lang gereifter Pferdemist ein warmes Pflanzenbett.

früher auf diesem Schulhof auch Kastanien gestanden haben. Eine davon hat mein Mann aus einer Kastanie selbst gezogen. Leider blühte sie nie, so haben wir sie, damit sie nicht traurig ist, zu jeder Jahreszeit neu geschmückt.«

Bäume zur Geburt

Die anderen Bäume haben die Kinder zur Geburt geschenkt bekommen. Ein uralter Pflaumenbaum, mit einer Ramblerrose und einer Clematis aufgewertet, trägt immer noch das Baumhaus der Kinder. Von diesem aus hatten sie einen wunderbaren Blick auf das begrünte Schuppendach, das das ganze Jahr in den schönsten Gelb- und Orangetönen blüht. Unter dem Baumhaus wohnt eine Igelfamilie, schön versteckt zwischen Rose und Clematis. Dies ist Heikes wildes Eck. Die Igel danken ihr die Gastfreundlichkeit und das schöne gemütliche Zuhause, indem sie alle Schnecken verputzen.

Weil die Bäume von Jahr zu Jahr größer wurden, haben sich die Licht- und Schattenverhältnisse im Garten verändert. So wachsen heute unter den nun schon großen Kastanienbäumen Farne und Gräser. Doch im Frühling überraschen diese eher grünen Beete stets durch ein Meer von farbenfrohen Akeleien, die sich selbst aussäen dürfen: Sie sind eine wahre Freude für das Auge!

Auch in die Trockenmauer sind viele Pflanzen eingezogen, die niemand gepflanzt hat. Ameisen haben die Samen dorthin getragen und ein wunderhübsches Biotop gestaltet: Eidechsen schauen aus den Ritzen und am schattigen Ende unter einer Wildrose hat sogar eine Kröte ihr Zuhause gefunden. Wildbienen nehmen die Lücken in der Mauer genauso gern an wie Heerscharen von Kleintieren. Die Nähe zum Teich scheint das Leben zu befruchten. Darum ist das Holzdeck über dem Teich einer der Lieblingsplätze von Heike Boomgaarden. »Wenn ich dort sitze, gehe ich auf eine faszinierende Entdeckungsreise in das wilde Leben meines Gartens«, erzählt sie. Da keine Fische im Teich sind, leben die Molche dort völlig ungestört. Libellenlarven schlüpfen am Schachtelhalm aus ihren Hüllen und werden zu Königinnen der Lüfte, die federleicht über den Seerosen schweben. Heike schwärmt: »Diese schönen Erlebnisse verdanke ich meinem Naturgarten, ich möchte sie nicht missen.«

Bild links:
Heike Boomgaarden schneidet Kräuter für pflanzenstärkende Jauchen und Brühen.

Bild rechts:
Herrlich entspannende Stunden am Gartenteich liebt die Besitzerin besonders.

Ernten und genießen

Von Äpfeln, Birnen und Co.

Tipp
Menschen, die allergisch auf rohe Äpfel reagieren, sollten wissen, dass frisch gepflückte Äpfel besser vertragen werden als gelagerte. Und sie sollten weniger allergene Sorten wählen, z. B. 'Santana'.

Obst passt in jeden Garten, in den großen ebenso wie in den kleinen. Sie können einen Obstbaum wählen, Kiwi die Hauswand erklettern und Beerensträucher an der Grundstücksgrenze wachsen lassen.

■ Ein Apfelbaum im Garten hat viele Pluspunkte: Er hat wunderschöne Blüten und liefert leckere Früchte.

Da im Naturgarten nur robustes, widerstandsfähiges Obst wächst, müssen Sie vor Kauf und Pflanzung die Standortbedingungen (Boden, Klima etc.) Ihres Gartens kennen und wissen, was Sie mit dem Obst machen möchten: frisch naschen, lange lagern oder Marmelade kochen zum Beispiel. Ideal für alle Obstarten ist ein gemäßigtes, warmes Klima. Äpfel und Kirschen vertragen es etwas kühler, viel Sonne und Wärme brauchen Birnen, Aprikosen und Pfirsiche. Dann sollten Sie unter Ihrem Lieblingsobst die für Ihren Garten passenden robusten Sorten wählen. Dazu wenden Sie sich am besten an eine Baumschule in Ihrer Region oder eine der Gartenakademien. Die richtige Beratung und Sortenwahl ist das A und O für eine erfolgreiche Obstkultur in Ihrem Garten.

Der richtige Apfel

Vor der Sortenwahl steht die Überlegung: Wie hoch darf der Baum sein? Die Höhe hängt von der Unterlage ab, auf die die Sorte veredelt ist. Als Hausbaum bei reichlichem Platzangebot passt durchaus ein großkroniger Hochstamm mit stark wachsender Sämlingsunterlage. Solch ein Baum kann bis zu 80 Jahre alt werden, heute gepflanzt, können noch Ihre Ururenkel Früchte davon pflücken. Ein schöner Gedanke, nicht wahr? Im kleineren Garten empfehlen sich eher schwachwachsende Buschstämme, Säulenbäume oder Spalierobst (Unterlage M9), die als Sichtschutz (z. B. um Kompostplatz und wilde Ecke), an der Grundstücksgrenze oder auch am Wandspalier gedeihen. Die säulenartig wachsenden Ballerinas, die nebeneinander gepflanzt z. B. ein Beet begrenzen können, gedeihen sogar im Kübel auf Balkon und Terrasse und tragen dennoch reichlich Äpfel. Empfehlenswerte Sorten sind 'Arbat', 'Golden Gate', 'Rondo' und 'Sonate' sowie solche aus der CATS-Serie.

Möchten Sie nur einen Apfelbaum, so wählen Sie einen Herbstapfel wie z. B. 'Topaz' oder 'Rubinola' mit einem Geschmack, der an 'Elstar' erinnert. Die Früchte sind ab Ende September pflückreif und halten sich bis Weihnachten.

Ohne Bestäubung der Blüten gibt es keine Früchte: Fast alle Apfelsorten benötigen einen gleichzeitig blühenden Fremdbestäuber. Auf der sicheren Seite sind Sie, wenn Sie einen Holzapfel *(M. sylvestris)* als Bestäuberbaum pflanzen.

Äpfel richtig pflücken und lagern

Insbesondere Äpfel, die Sie lagern wollen, sollten Sie richtig ernten: Dazu knicken Sie die Frucht leicht nach oben und drehen sie mit Stiel ab. Geht das nicht wie von selbst, ist der Apfel noch nicht reif und bleibt noch etwas hängen. Lagern Sie die Äpfel dann an einem möglichst kühlen, aber frostfreien Platz. Lager immer wieder kontrollieren und Fauliges aussortieren.

Etwas Obstgehölzpflege

Der Apfel braucht einen stabilen Holzpfahl, der bei schwachwachsenden Unterlagen lebenslang erhalten bleiben muss. Die Pflege der Baumscheibe sollte regelmäßig erfolgen, angemessenes Düngen mit 3 bis 4 l Kompost pro m² und Jahr, Gesteinsmehl sowie ein jährlicher Schnitt sind ebenfalls notwendig.

Mehr Baumobst

Am Spalier an Süd-, Ost- oder Westwand mit leicht überstehendem Dach ist der ideale Platz für Birnen, die es wärmer, windstiller und hinsichtlich der Bodenfeuchtigkeit gleichmäßiger wünschen als Äpfel. Auch bei der Birne wählen Sie bei heutigen Gartengrößen eher eine schwachwachsende Unterlage, z.B. Quitte A. Stimmen die Standortbedingungen, haben Sie mit den pflegeleichten Birnen weniger Arbeit als mit Äpfeln. Den Boden gut mulchen und den Leittrieb herausnehmen, dann reduzieren sich die Schnittarbeiten auf das Entfernen von toten und störenden Ästen.

Ebenso warm und geschützt wie Birnen wollen Quitten stehen, die aber gut mit Trockenperioden zurechtkommen. Obwohl Sie nicht in eine frische Frucht hineinbeißen können, ist eine Quitte ein wunderschönes Gehölz (Buschbaum mit runder Krone) selbst für den kleinen Garten. Sehr robuste Sorten sind: 'Cydora Robusta' (Birnenquitte) und 'Konstantinopeler Apfelquitte', Ernte Anfang bis Mitte Oktober.

Auswahl an Baumobstsorten*

Baumobst	Sorten
Apfel	'Alkmene', 'Discovery', 'Florina', 'Gerlinde', 'Glockenapfel', 'Goldparmäne', 'Goldrush', 'Gravensteiner', 'Jakob Fischer', 'Kaiser Wilhelm', 'Landberger Renette', 'Oldenburg', 'Reglindis', 'Resi', 'Retina', 'Roter Eiserapfel', 'Rubinola', 'Schafsnase', 'Topaz'
Aprikose	'Bergeron', 'Goldrich', 'Hargrand', 'Orangered', 'Tardif de Tain'
Birne	'Alexander Lukas', 'Bunte Juli', 'Clapps Liebling', 'Harrow Sweet', 'Vereinsdechant'
Pflaume/Zwetschge	'Cacaks Schöne', 'Elena', 'Jojo', 'Katinka', 'Topking'
Sauerkirsche	'Gerema', 'Morina', 'Ungarische Traubige'
Süßkirsche	'Burlat', 'Celeste', 'Lapins', 'Meckenheimer Frühe', 'Merchant', 'Sunburst', 'Sweetheart'

* empfohlen von der Gartenakademie Rheinland-Pfalz

Dank mittelstark wachsender Unterlagen (Halbstamm) lassen sich die schon immer beliebten, pflegeleichten Pflaumen und Zwetschgen auch im kleinen Garten anbauen – ökologisch und optisch ein Highlight. Wählen Sie robuste Sorten, siehe Tabelle. Mirabellen und Renekloden brauchen

Die stachelbeergroßen Früchte der sehr frostharten *Actinidia arguta*, auch als Bayern-Kiwi oder ‚Weiki' bekannt, können Sie dank unbehaarter Schale als Ganzes essen.

Tipp
Meerrettich zu Pfirsich oder Kirsche gepflanzt, schützt vor Kräuselkrankheit und *Monilia*. Brennnesseln, die unter Obstbäumen wachsen, fördern deren Gesundheit und dienen Schmetterlingsraupen als Nahrung.

besonders viel Sonne und Wärme. Bei geeigneten Standortbedingungen und ausreichender Gartengröße nehmen Sie doch alle vier: eine Pflaume zum Backen, eine Zwetschge, für Marmelade, eine Mirabelle für Kompott ('Bellamira', 'Mirabelle von Nancy') und eine Reneklode zum Naschen ('Graf Althans', 'Große Grüne Reneklode').

Süßkirschen sind super leckeres Naschobst, Sauerkirschen lassen sich hervorragend einmachen und beide sind in allen Jahreszeiten wunderschöne Bäume. Allerdings bevorzugen Kirschen einen warmen Platz, der vor Spätfrösten geschützt ist. Süßkirschen wollen im Sommer keinen Regen und brauchen je nach Unterlage mehr Platz als Sauerkirschen.

■ **Markieren Sie himbeerentragende Ruten mit bunten Bändern, wissen Sie genau, welche später geschnitten werden müssen.**

Im Weinbauklima gedeihen auch die sonne- und wärmeliebenden Aprikosen und Pfirsiche, die verregnete Sommer allerdings gar nicht mögen. Diesen Obstgehölzen sollten Sie einen wind- und frostgeschützten Platz an einer Mauer oder Hauswand bieten, auch die Südseite einer Pergola oder Laube kommt als Standort infrage. Für den kleinen Garten oder als »mobilen Baum« im Kübel gibt es gerade von Aprikose, Nektarine und Pfirsich Zwergbäume, die wie ein richtiger Baum eine Krone ausbilden – nur eben kleiner.

Obst-Kletterkünstler

Verfügen Sie über eine warme, vollsonnige, geschützte Süd- oder Südostwand mit Weinbauklima, dann passen in den Naturgarten Weintrauben und auch die leckeren (subtropischen) Kiwi. Günstig ist ein überdachter Platz unter Vordach, Laube oder Pergola und ein stabiles Rankgerüst oder Spalier sind erforderlich!

Unter den schmackhaften Tafeltraubensorten, die weitgehend widerstandsfähig gegen Pilzkrankheiten wie Echten und Falschen Mehltau sind, können Sie zwischen robusten grüngelben (z. B. 'Birstaler Muskat', 'Garant', 'Frumuosa Alba', 'Tonia') und blauen Trauben ('Muscat bleu') wählen. Für eine Pergola eignen sich die großblättrigen Sorten 'New York' (grüngelb) und 'Venus' (blau) besonders, beide sind kernlos.

Im Beerengarten

Im Sommer herrscht Hochzeit bei der Beerenernte: Beeren sind die absoluten Stars unterm Obsthimmel, jeder liebt sie. Und damit alle Beerenfreunde auf ihre Kosten kommen, wächst im Naturgarten eine üppige Beerenvielfalt. Wenn Sie von Ihren Lieblingsbeeren mehrere Sorten pflanzen, deren Früchte nacheinander reifen, können Sie bis in den Herbst hinein ernten.

Erdbeeren

Sie brauchen einen halbschattigen bis sonnigen luftigen Platz, damit die Blätter schnell abtrocknen können. Nach der Blüte mit sauberem Stroh mulchen, das hält die Feuchtigkeit im Boden und die Früchte bleiben sauber. Wichtig: regelmäßig gießen, den Boden gut pflegen (flach hacken, mulchen) und optimal düngen (3 bis 4 l Kompost pro m²). Nach der letzten Ernte im Jahr sollten alle Blätter 7 bis 10 cm über dem Boden abgeschnitten werden. Altes Stroh wird entfernt und der Boden gelockert. Erdbeeren tragen bis zu fünf Jahre, jährlich werden die Ableger abgeschnitten, getopft und an anderer Stelle wieder gesetzt. Empfehlenswerte Sorten sind: 'Elvira', 'Elsanta', 'Honeoye', 'Hummi's-Sengana-Selektion', 'Korona', 'Mieze Nova' und 'Pandora'. Probieren Sie mal Walderdbeeren *(Fragaria vesca)* oder eine Erdbeerwiese mit 'Florika' oder 'Spadeka' zu pflanzen.

Himbeeren

Super lecker für Mensch und Tier, aber sie machen Arbeit. Boden (mulchen, flach lockern) und Ruten müssen gepflegt werden (Gerüst bauen, schneiden, neue pflanzen). Da Sommerhimbeeren gern vom Rutensterben befallen werden und die Ernte dann ausfällt, wählen Sie besser herbsttragende Sorten wie 'Autumn Bliss', 'Himbo Top' oder 'Polka' (Ernte von Anfang August bis Mitte Oktober). Ihre Pluspunkte: Sie sind madenfrei, brauchen kein Gerüst und keinen Pflanzenschutz. Müssen Himbeeren im Sommer her, dann sorgen Sie für humusreichen Boden (kein schwerer, nasser), lichten Sie die Bestände auf 12 bis 15 Ruten pro Meter aus und wechseln Sie immer mal wieder die Fläche. Herbsttragende Himbeeren fruchten an den in der Saison neu gewachsenen Trieben, man schneidet sie daher im Februar/März komplett ab.

Rote Johannisbeeren

Regelmäßig auf sechs bis acht Haupttriebe reduzieren, damit viel Licht an die Früchte kommt. Das ist das A und O. Zum Glück ist der Schnitt leichter zu lernen als der von Obstbäumen. Ansonsten gilt: mulchen, flach den Boden lockern, regelmäßig mit Kompost düngen und robuste Sorten wählen, wie 'Jonkher van Tets', 'Rolan' oder 'Rovada'. Probieren Sie mal Weiße Johannisbeeren der Sorte 'Weiße Versailler'.

Schwarze Johannisbeeren

Für den Anbau dieser Beeren spricht: Sie duften nach Cassis und haben einen hohen Vitamin- und Ballaststoffgehalt. Setzen Sie die Pflanze etwas tiefer als in der Baumschule, das regt das Wachstum neuer Triebe aus dem Wurzelstock an.

Jedes Jahr wird nach der Ernte ein Drittel aller alten Triebe entfernt, acht bis zehn verbleibende Haupttriebe reichen aus. Sehr robust ist die Sorte 'Titania', die süßen, milden Früchte von 'Bona' können Sie auch frisch genießen.

Noch mehr Beeren

Stachelbeeren sind herrlich säuerlich-süß schmeckende Früchte! Wählen Sie mehltaufeste Sorten wie 'Invicta'.

Kulturheidelbeeren brauchen sauren Boden, daher am besten in einem großen Kübel mit Rhododendronerde kultivieren. Gute Sorten sind 'Duke', 'Patriot' und die hübsche 'Hardyblue' (dunkelrotes Holz, gelborangefarbene Herbstfärbung).

■ Himbeeren, Brombeeren, Rote Johannisbeeren frisch gepflückt aus dem eigenen Garten – ein perfekter Start in den neuen Tag.

Rhabarber

Botanisch zählt er zum Gemüse, doch wir verwenden ihn wie Obst. Er kommt mit Pfefferminze in ein sonniges bis halbschattiges Beet und wird bis 21. Juni beerntet. Nicht schneiden oder brechen, sondern ruckartig abdrehen! Robuste Sorten: 'Timperley Early' (früh), 'Frambozenrood' (eher spät) und 'Red Valentine' (spät).

Wildobst und Wildfrüchte

Tipp
Schwarzer Holunder und Wildrosen wie die Hunds-Rose liefern sogar doppelten Genuss, denn sie tragen essbare Blüten und leckere Früchte.

In den meisten Gärten überwiegen die aus der ganzen Welt stammenden Ziersträucher, die nach züchterischer Bearbeitung eine verschwenderische, aber leider oft sterile Blütenpracht tragen. Von Samen oder Früchten keine Spur. Nicht so im Naturgarten: Hier blüht und fruchtet es auf üppigste Weise!

Eher schlichte Schönheit und wildfruchtiger Geschmack gepaart mit robuster Widerstandskraft und leichter Pflege – das bieten die heimischen Wildsträucher. Daneben sind sie ökologisch wertvoll (siehe Seite 39). Gäbe es mindestens in jedem dritten Garten einige Wildsträucher, so würden sie durch die Siedlungen und Städte kostbare Lebensraumbrücken bilden, auf denen die heimischen Tiere die rundherum gelegenen Naturräume erreichen könnten. Ein Wunschgedanke der Autorin? In der Tat »hopsen« die Tiere dank solcher Naturinseln durch Siedlungsräume und sie könnten es noch viel mehr tun wegen der Wildsträucher zum Beispiel in Ihrem Garten.

■ Nach dem ersten Frost gepflückt, verlieren die Vogelbeeren, Früchte der Eberesche, ihre bittere Note und ergeben feinherbe Marmeladen, Gelees und Liköre.

Wildfrüchte wie früher

Doch auch für den Menschen sind Wildfrüchte lecker, liefern sie doch feine süßliche bis bittere oder herbe Aromen, die frisch gepflückt oder aber zubereitet in Marmeladen, Gelees, Säften und ähnlichen Leckereien gesunde, vitamin- und mineralstoffreiche Abwechslung auf den Tisch bringen.
Bei so viel Gutem nimmt man die meist kleine Fruchtgröße gelassen hin.

Schon in den mittelalterlichen Gärten wurden nicht nur Gemüse und Kräuter, sondern auch Wildfrüchte angebaut: Haselnüsse gehörten ebenso dazu wie Mispel, Speierling und Mandel. So war die Mispel *(Mespilus germanica)* bis vor rund 100 Jahren ein sehr beliebtes Wildobst. Mit ihren hübschen Blättern, den weißen Blüten und den sich daraus entwickelnden apfelähnlichen, säuerlichen Früchten (die erst nach Frosteinwirkung oder Lagerung genießbar sind) ziert sie zudem sonnige bis halbschattige Plätze im Garten. Frosthärte ist selbstverständlich!

Auch der Speierling *(Sorbus domestica)* ist eine robuste, einst sehr geschätzte Wildfrucht und eine besondere Spezialität aus Hessen. Denn die apfelförmigen Früchte geben dem Äppelwoi seinen würzigen Geschmack. Diesen heimischen bis zu 15 m hohen Baum können Sie auch als Hausbaum pflanzen.

Die wilden Müsli- und Marmeladen-Früchte

Die besten Wildfrüchte, die Sie frisch gepflückt sofort genießen können – ob fürs Müsli oder als Dessert – pflanzen Sie an einen hellen bis sonnigen Platz in Küchen- oder Essplatznähe. So können Sie die Früchte stets leicht erreichen. Dazu gehören Berberitze *(Berberis vulgaris)* und Brombeere (*Rubus* sect. *rubus*, im Zaum halten), Felsenbirne *(Amelanchier ovalis)* und Wald-Himbeere *(Rubus idaeus)*.

Doch damit nicht genug. Für selbst gemachte Marmeladen, Gelees und Kompotte wachsen im Naturgarten noch mehr Wildsträucher. Selbstverständlich werden die schmackhaften Früchte mit den Tieren geteilt. Je nach den Standortbedingungen in Ihrem Garten bieten sich folgende Arten an:

Wärmeliebend sind Kornelkirsche *(Cornus mas)*, Haselnuss *(Corylus avellana)*, Wildrosen (*Rosa*-Arten) und Mispel *(Mespilus germanica)*. Eher stickstoffreich und mäßig warm bis sonnig mögen es: Schwarzer Holunder *(Sambucus nigra)*, Schlehe *(Prunus spinosa)* und Haselnuss *(Corylus avellana)*. Dagegen lieben es Sanddorn *(Hippophae rhamnoides)*, Berberitze *(Berberis vulgaris)* und Wildrosen (*Rosa*-Arten) eher stickstoffarm, relativ trocken und mäßig warm. Sonnig trocken und stickstoffarm steht die Felsenbirne *(Amelanchier ovalis)* gerne, während Eberesche *(Sorbus aucuparia)* und Brombeere (*Rubus* sect. *rubus*) überall gedeihen.

Wildfrüchte verarbeiten

Von Sommer bis zum Winteranfang können Sie Wildobst ernten und verarbeiten – ob solo oder gemischt mit anderen Wildfrüchten, versetzt mit Gewürzen (Zimt, Vanille) oder Hochprozentigem (Cognac, Rum, Likör) – und mit Gelierzucker zu Marmeladen und Kompotten kochen. Aus Wildfruchtsaft kochen Sie mit Gelierzucker klare Gelees, die je nach Zuckergehalt länger haltbar sind. Schnell und einfach lassen sich Wildfrüchte einfrieren. Damit sie nach dem Auftauen nicht matschig werden, trocken und einzeln einfrieren und erst im gefrorenen Zustand in ein Gefrierbehältnis geben. Frost nimmt einigen Früchten wie Schlehen oder Vogelbeeren ihre Herbe.

Erntezeit für wilde Früchte

Wildfrucht	Verzehrform	7	8	9	10	11
Berberitze	frisch, gekocht*, getrocknet		x	x	x	x
Eberesche	gekocht*, Likör		x	x	x	x
Felsenbirne	frisch, gekocht*, Likör	x	x	x		
Kornelkirsche	frisch, gekocht*		x	x		
Mahonie	gekocht*			x	x	x
Mispel	gekocht*, Most				x	x
Sanddorn	frisch, gekocht*, Likör			x	x	x
Schlehe	gekocht*, Likör				x	x
Schwarzer Holunder	gekocht*, Likör	x	x	x		
Speierling	gekocht*, Most, getrocknet					
Hagebutten	gekocht*, Mark, Tee, Likör		x	x	x	x

* gekocht meint als Gelee, Marmelade, Mus, Kompott, Saft, × Erntezeit nach Monaten von 7 für Juli bis 11 für November

Vor der Zubereitung zu Mus, Mark, Marmelade oder Tee steht sorgfältiges Putzen der Hagebutten an, denn die haarigen Kernchen müssen entfernt werden.

Gemüse – lecker & gesund

Aus dem eigenen Garten – frisch auf den Tisch. Das ist gesund und CO_2-neutral noch dazu. Grund genug für mindestens ein Gemüsebeet. Bei genügend Platz können Sie aus Ihrem Gemüsegarten mühelos sogar die ganze Familie selbst versorgen.

■ Schnecken mögen Tagetes lieber als Salat, darum pflanzen Sie die beiden zusammen. Tipp: Die Blätter von *Tagetes filifolia* schmecken fein nach Anis und Lakritz, auch zu Salat.

Ein Ziergarten mit Blumen, Sträuchern und Bäumen macht viel weniger Arbeit als ein Gemüsegarten, denn Gemüse will gepflegt und nach der Ernte wieder durch neues ersetzt werden. Gemüsebeete sind die dynamischsten Teile im Garten. Auf den Beeten wächst häufig im Monatstakt etwas anderes – und Dynamik erfordert Zeit, die viele Menschen wegen übervoller Terminpläne heute nicht mehr haben. Fast paradox klingt dann, dass Sie Ihr Leben gerade im Gemüsegarten entschleunigen können, denn er fordert regelmäßige Präsenz, Innehalten und Gewahrwerden von dem, was gerade wächst. Nirgendwo im Garten greifen Sie so oft in den Erdboden und verbinden sich mit ihm wie im Gemüsegarten. Und er dankt es mit frischen knackigen Möhren, Salaten und Co., frei von unerwünschten Schad- und Fremdstoffen.

Denn auf chemische Pflanzenschutzmittel und synthetische Dünger verzichten Sie im Naturgarten. Schließlich müssen Sie nicht von den Erträgen Ihr Einkommen bestreiten und Sie müssen auch nicht verhungern, wenn eine Ernte einmal ausfällt. Natürlich ist es herrlich, wenn die Gemüse üppig sprießen für leckere Mahlzeiten. Aber: Das rechtfertigt in keiner Weise den Einsatz von Insektiziden, Herbiziden und die anderen synthetischen »-iziden«. Lernen Sie teilen, nicht nur am Mittagstisch, sondern auch mit den heimischen Tieren.

Robust muss es sein

Naturgärtnern fängt bei der Wahl der »richtigen« Gemüse an. Robust und zu den Standortbedingungen im Garten passend lauten die wichtigsten Kriterien, denn solche Gemüsearten und -sorten versprechen die erfolgreichsten Ernten. So finden Sie bei Bohnen, Erbsen, Gurken, Salaten und Tomaten im Pflanzen- und Samenhandel eine große Auswahl robuster, resistenter Sorten, etwas kleiner ist das Sortiment bei Feldsalat, Karotten (Möhren), Kohlarten, Kürbis, Melonen, Paprika, Rettich, Spinat und Zucchini. Erkundigen Sie sich im Fachhandel oder in der Gärtnerei Ihres Vertrauens.

Selbstversorgen mit Gemüse

Wenn Sie genau wissen wollen, wie das Gemüse herangewachsen ist, das bei Ihnen auf den Tisch kommt, sollten Sie es selbst anbauen. Bei richtiger Planung mit Fruchtfolge und Mischkultur können Sie auf einer Fläche von 150 m² das Gemüse für eine vierköpfige Familie anbauen.

Für die Mischkultur gilt: Pflanzen, die sich mögen, gedeihen viel besser, fördern gegenseitig das Wachstum und sind gesünder. Das nutzen Sie aus, wenn Sie Pflanzenfreunde zusammen pflanzen (siehe Seite 115).

Für die Fruchtfolge gilt: Sie optimiert die Mischkultur. Dabei teilen Sie den Gemüsegarten in vier gleich große Flächen ein, die nun gemäß dem Nährstoffverbrauch der Pflanzen (Starkzehrer, Mittelzehrer, Schwachzehrer, Gründüngung) rotierend im Vierjahresrhythmus bewirtschaftet werden.

- **Starkzehrer** sind Gemüse mit großer Blattmasse wie Endivien, Erdbeerspinat, Kohlarten, Kohlrabi, Lauch (Porree), Salate, Spinat, auch Gurken, Kartoffeln, Kürbis, Melonen, Sellerie, Tomaten und Zucchini.
- **Mittelzehrer** sind Wurzelgemüse wie Karotten (Möhren), Pastinaken, Petersilie, Radieschen, Rettich, Rote Bete, Schwarzwurzeln, Speiserüben (Mairübe, Teltower Rübchen etc.) sowie Zwiebeln.
- **Schwachzehrer** sind Hülsenfrüchte wie Bohnen und Erbsen sowie Kräuter.

Viele Gemüsearten brauchen vom Säen bis zur Ernte keine ganze Vegetationsperiode, sodass Sie auf den Beeten mehrere Kulturen hintereinander als Vor-, Haupt- und Nachkultur anlegen können (z.B. Spinat – Brokkoli – Feldsalat). Das erfordert aber eine gute Planung oder viel Erfahrung.

Ein Fruchtwechsel ist noch cleverer, denn dabei lösen sich nicht nur Stark-, Mittel- und Schwachzehrer nacheinander ab, sondern auch die Pflanzenfamilien. Manche Krankheiten kommen nämlich nur in ganz bestimmten Pflanzenfamilien vor, so etwa die Kohlhernie nur bei Kreuzblütlern. Daher werden Kohlarten, Brokkoli, Kohlrabi, Meerrettich, Pak Choi, Radieschen, Rettich, Rucola und Speiserüben nur alle drei bis vier Jahre auf demselben Beet angebaut. So schützen Sie dieses Gemüse am besten vor dieser Krankheit.

Pflegeleichte Gemüsearten

Für den unerfahrenen Gärtner eignen sich: Busch- und Stangenbohnen, Kohlrabi, Kopf- und Pflücksalat, Radieschen und Tomaten (siehe auch Seite 117). Die Kultur von Blumenkohl, Schwarzwurzeln und Weißkohl ist etwas anspruchsvoller.

Tipp

Gemüse-, Hoch- und Frühbeet sollten höchstens 1,2 m breit sein, damit Sie die Flächen bei Pflanz-, Sä-, Pflege- und Erntearbeiten nicht betreten müssen. So sind die Pflanzen in Armlänge und immer gut vom Weg aus erreichbar.

■ Ab Mitte Mai werden Bohnen ausgesät. Ist das Wetter noch kühl, ziehen Sie die Bohnen an einem warmen Ort in Töpfen vor und pflanzen die Jungbohnen ab Mitte Juni ins Freie.

Tipp
Wenn der Boden vor der Anlage eines Gemüsebeets noch verdichtet ist, wird er durch Topinambur locker.

Gestaltungsideen mit Gemüse

Gemüsepflanzen sind durchaus zierende Pflanzen, die Sie nicht in der hinteren Gartenecke verstecken müssen. Zusammen mit Kräutern, Stauden und Sommerblumen ergeben Gemüse hübsche Gartenbilder. Wie wäre es mit diesen?

- Beetrondell mit Stangenbohnen, Bohnenkraut und Mohnblumen, die Bohnenstangen bieten sich für bunte Bemalung und kreative Kunstgestaltungen an.
- Ein oder zwei Kartoffeln nach Blühfarbe und -zeit ins Staudenbeet einfügen.
- Erdbeeren, Knoblauch und Sommerastern unter den Kirschbaum pflanzen.
- Großblättrige Kohlköpfe mit Möhren und Rosmarin oder Tomaten und Blumen kombinieren.
- Inseln aus bunten Salaten mit Blumenkohl als Umrandung.
- Pflücksalate oder Radieschen umrahmen ein Tulpenbeet.
- Reihen aus Radieschen, grünem Salat, Tomaten, grünem Salat und Radieschen folgen aufeinander.
- Rotstieligen Mangold in Kombination mit Buschbohnen und filigranen Karotten oder als Umfassung eines Blumenbeets setzen.
- Spinat in mehreren Reihen säen, dazwischen Ihre Lieblingsgemüse anbauen.
- Streifen aus Kopfsalat und Fenchel abwechselnd pflanzen.
- Zucchini in die Lücken des Sommerblumenbeets pflanzen, nach dem Verblühen der Zwiebelblumen.

Erntezeit im Gemüsegarten: Damit nicht alles gleichzeitig erntereif ist, säen und pflanzen Sie in der Vegetationszeit jede Woche so viel Gemüse, wie es Ihrem Wochenbedarf entspricht.

Ringelblumen *(Calendula officinalis)* und Färber-Tagetes *(Tagetes erecta)* passen eigentlich zu jedem Gemüse und bilden bunte Blumenrahmen für die grünen Beete. Sonnenblumen *(Helianthus annuus)*, Kosmeen *(Cosmos bipinnatus)*, Topinambur *(Helianthus tuberosus)* oder Zuckermais *(Zea mays)* ragen hoch über die Gemüsebeete hinaus und verdecken den Blick auf unschöne Wände oder Zäune. Diese Funktion übernehmen auch an Stützen kletternde oder rankende Pflanzen wie Hopfen *(Humulus japonicus)*, Kapuzinerkresse *(Tropaeolum majus)*, Kletterzucchini *(Cucurbita pepo)*, Stangenbohnen *(Phaseolus vulgaris)*, Trichterwinden *(Ipomea purpurea)* oder Wicken *(Lathyrus odoratus)*.

Halten Sie Beetbreiten von maximal 1,2 m ein, das erleichtert die Bearbeitung.

Insekten anlocken oder fernhalten

Kräuter und Gemüse sind gute Partner. Wenn Sie die richtigen zusammenpflanzen, halten Kräuter bestimmte Insekten fern oder locken sie an – so wie Sie es wünschen. Gurken und Zucchini zum Beispiel müssen von blütenbestäubenden Insekten angeflogen werden. Pflanzt man Borretsch in die Nähe, finden Bienen, Hummeln und Co. ganz leicht den Weg zu den Blüten. Um Läuse fernzuhalten, pflanzen Sie Bohnenkraut *(Satureja hortensis)* zu Bohnen, Hafer *(Avena sativa)* zu Dicken Bohnen *(Vicia faba)* und Kerbel *(An-*

thriscus cerefolium) zu Salat. Pilzkrankheiten können Sie vorbeugen, wenn Sie Basilikum *(Ocimum basilicum)* zu Gurken *(Cucumis sativus)*, Kohl *(Brassica oleracea)* oder Tomaten *(Lycopersicon esculentum)* setzen oder Zwiebeln *(Allium cepa)* zu Möhren *(Daucus carota)*, denn die Möhrenfliege mag sie nicht.

Kräuter und Gemüse im Mix

Diese Kräuter und Gemüsearten mögen sich und können in Mischkultur zusammen gepflanzt werden. Suchen Sie sich Ihre Lieblingsgemüsemischung aus und legen Sie sie im Garten an.

Pflanzenfreunde sind:

- Basilikum mag Gurke, Knollenfenchel, Kohlrabi, Schwarzwurzeln und Zwiebeln.
- Bohnenkraut, Dill und Zwiebel mögen Bohnen, Erbsen, Gurke, Karotten (Möhren), Radieschen, Rettich, Rote Bete, Salat und Tomaten.
- Borretsch und Dill mögen Bohnen, Erdbeeren, Fenchel, Kartoffeln, Kohlrabi, Lauch, Radieschen, Rote Bete, Schwarzwurzeln, Sellerie und Spinat.
- Dill, Erdbeeren, Kamille und Pfefferminze mögen Endivie, Gurke, Karotten, Kohl, Lauch, Rote Bete, Salat, Sellerie und Tomaten.
- Dill und Salbei mögen Bohnen, Erbsen, Karotte, Kartoffeln, Kohl, Mairübe und Rote Rübe.
- Erdbeeren, Knoblauch und Zwiebeln mögen Gurke, Karotten, Kartoffeln, Kopfsalat, Spinat und Tomaten.
- Himbeeren mögen Buschbohnen.
- Kapuzinerkresse mag Basilikum, Stangenbohnen, Zucchini und Zwiebeln.
- Kümmel mag Gurke, Kartoffeln, Kohl und Rote Bete.
- Mangold und Pastinake mögen Mairübe, Radieschen, Rettich, Rote Bete, Sellerie, Spinat und Zwiebeln.
- Petersilie mag Gurke, Radieschen, Rettich, Tomate und Zwiebeln.
- Neuseeländer Spinat mag Obstbäume.
- Sonnenblumen lieben Gurken!

■ Die leicht süßlichen Pastinaken verwenden Sie wie Karotten.

■ Die Blätter des zierenden Erdbeerspinats werden wie Spinat verwendet.

■ In Großmutters Küche gab es eine Vielfalt an Wilden Rüben.

Gemüse aus Omas Garten

Gemüseart	Standort	verfügbar von	Eigenschaften, Verwendung
Eiskraut, Cordifole *(Aptenia cordifolia)*	☼ – ◑, Boden durchlässig, trocken	April bis Sept.	fein säuerlich-salzig, als Salat, wie Spinat verwenden
'Eiszapfen'-Rettich *(Raphanus sativus)*	☼ – ◑, Boden humos	März bis Sept.	zart und fein, als Rohkost
Herbstrübe *(Brassica rapa* subsp. *rapa)*	☼ – ◑, Boden frisch, ausreichend gießen	Sept. bis Feb.	kräftig, als Gemüse
Kerbelrübe, Knolliger Kälberkropf *(Chaerophyllum bulbosum)*	☼, Boden feucht	Juli bis März	für Feinschmecker! Wurzel esskastanienähnlich, haselnussähnlich, wie Kartoffeln, Blätter wie Spinat
Knollenfenchel *(Foeniculum vulgare)*	☼, Boden tiefgründig	Juli bis Nov.	süßlich anisartig, als Salat, Gemüse
Kohlrübe *(Brassica napus* subsp. *rapifera)*	☼, Boden humos, feucht	Sept. bis Feb.	fein aromatisch, als Gemüse
Mairübe *(Brassica rapa* subsp. *rapa* var. *majalis)*	☼ – ◑, Boden frisch, ausreichend gießen	Mai bis Nov.	würzig, Blätter als Salat, Gemüse, Rübe als Gemüse
Mangold *(Beta vulgaris* subsp. *cicla)*	☼ – ◑, Boden frisch	Mai bis Nov.	aromatisch, wie Spinat verwenden
Meerrettich *(Armoracia rusticana)*	☼ – ◑, Boden feucht	ganzjährig	würzig-scharf, zu Fleisch, Fisch, Salat, Suppe, Aufstriche
Navetten *(Brassica rapa* subsp. *rapa* var. *majalis)*	☼, Boden durchlässig, nährstoffreich	Okt. bis Feb.	cremig, leicht scharf, als Gemüse, Rohkost
Pastinake *(Pastinaca sativa)*	☼, Boden humos, feucht	Juli bis März	aromatisch, würzig, leicht süßlich, wie Karotten verwenden, gute Babykost! Blätter wie Petersilie
Rübstiel, Stielmus *(Brassica rapa* subsp. *rapa)*	☼, Boden eher sandig	Mai bis Okt.	fein säuerlich, als Gemüse
Schwarzer Rettich *(Raphanus sativus* var. *niger)*	☼, Boden leicht feucht	Sept. bis März	schärfer als weißer, zu Salat, Brotzeit
Schwarzwurzeln *(Scorzonera hispanica)*	☼, Boden durchlässig	Okt. bis Feb.	Wurzeln spargelähnlich, als Gemüse
Steckrübe *(Brassica napus* subsp. *rapa ifera)*	☼, Boden humos, feucht	Sept. bis Feb.	herb-süß, als Gemüse
Teltower Rübchen *(Brassica rapa* subsp. *rapifera)*	☼ – ◑, anspruchslos, als Vor- und Nachkultur auf leeren Beeten	ganzjährig	rettichähnlich scharf, roh zu Salat, in Suppe, Eintopf
Winterportulak *(Montia perfoliata)*	☼ – ◑, Boden humos, feucht	Nov. bis Feb.	leicht nussig, als Salat, Gemüse, Gewürz
Zuckerhut, Blattzichorie *(Cichorium endivia)*	☼, geschützt, Boden feucht	Mai bis Okt.	leicht bitter, als Salat und Gemüse

☼ = sonnig, ◑ = halbschattig, ● = schattig

Wie aus Omas Garten

Viele Gemüse, die früher in den Gärten wuchsen, sind in Vergessenheit geraten. Diese alten Gemüsearten bekommen im Naturgarten einen besonderen Platz (siehe Tabelle S. 116). Zur Lagerung werden Knollen und Wurzeln am kühlen Platz in feuchten Sand eingeschlagen.

Tomaten – bitte mit Dächlein!

Tomaten wollen in humosem, lockerem Boden einen Platz an der Sonne mit Stütze haben, an der sie hochgeleitet werden. Weil Tomaten rasch zu Kraut- und Braunfäule neigen, sollten Sie nicht über die Blätter gießen und an ein Regendach denken. Das kann ein mobiler Regenschutz aus dem Fachhandel sein, ein schützendes Vordach oder auch ein speziell gebauter Unterstand. Zum Glück gedeihen Tomaten am besten, wenn Sie jedes Jahr im selben Beet stehen. Wählen Sie eine gegen den Pilz *Phytophthora* hochtolerante Sorte wie z.B. 'Philovita' mit zwar kleinen, aber sehr aromatischen Früchten. Für Liebhaber gibt es aber ein riesiges Sortiment an attraktiven Tomatensorten mit einer enormen Vielfalt an Farben, Formen, Größen und Aromen. Wie gut, dass Tomaten so gut in der Küche zu verwerten sind!

Nie mehr bücken!

Haben Sie schon mal an ein Hochbeet gedacht? Hüfthoch, mit einem stabilen, 80 bis 100 cm hohen Rahmen umgeben und aufgeschichtet aus grobem Holzschnittgut, Rasensoden, Laub und Grünabfällen. Oben schließt es mit einer Schicht aus Gartenerde plus Kompost ab. Darin gedeihen Kräuter, Gemüse, Erdbeeren, Blumen und alle Ihre Lieblingspflanzen in bequemer Pflege- und Erntehöhe. Ein automatisches Tröpfchenbewässerungssystem übernimmt das bedarfsgerechte Gießen – so macht Gärtnern richtig Freude, auch auf Balkon und Terrasse!

Auch das Frühbeet, in dessen Schutz aus Wänden und Glasabdeckung Jungpflanzen heranwachsen, Erdbeeren früher reifen oder Wintersalate länger geerntet werden können, lässt sich leichter pflegen und beernten, wenn sich die Beetflächen auf Hüfthöhe befinden.

Gemüse natürlich lagern

Das geht in der Erdmiete. Graben Sie ein 40 bis 80 cm tiefes Erdloch und legen Sie es mit Kaninchendraht aus. Dann wird Sand oder Kies eingefüllt, entblättertes Gemüse hineingelegt und trockenes Stroh daraufgegeben. Mit einer dicken, regendichten Holzplatte wird das Ganze abgedeckt. Aber auch in einem komplett in den Erdboden versenkten Tonkübel mit Tondeckel kann man Gemüse gut lagern. So können Sie alle Wurzelgemüse und Kohlköpfe problemlos über den Winter aufheben.

Im Frühbeet können Sie schon im Februar Radieschen, Rettich und Frühsalat aussäen, ab Mitte März dann die Frühgemüse. Wärmeliebende Arten müssen bis Mitte April warten.

Kräuter – aromatisch & würzig

Leckere Wildkräuter
Viele als »Unkräuter« verschriene Pflanzen sind feine Wildkräuter: Die Spitzen der Brennnesseln und junge Gierschblätter etwa, Vogelmiere und Gundermann schmecken ebenso wie Gänseblümchen und Löwenzahn (Blüten und junge Blätter) sehr gut.

Kräuter dürfen weder im Garten noch in der Küche fehlen, sie sind die Würze des Lebens. Finden Sie die besten Plätze für Küchen- und Teekräuter, für Heil- und Wildkräuter.

So nah wie möglich am Haus wachsen auf einem sonnigen Platz die Küchenkräuter, die Sie am häufigsten benötigen – gern auch am Beetrand. Dort können Sie ganz leicht die Tausendsassa-Kräuter Petersilie *(Petroselinum crispum)*, Schnittlauch *(Allium schoenoprasum)* und Knoblauch *(Allium sativum)* mit Schere und Messer ernten. Die anderen Kräuter kultivieren Sie am Rand des Gemüsegartens, am Wegrand oder in einem Kräuterbeet, das auch an der Terrasse liegen kann. Kräuter sind hübsch und laden mit ihrem Duft zu entspannenden Stunden am Sitzplatz ein. Vergessen Sie nicht, eine Sitzgelegenheit zwischen den Kräutern anzulegen.

■ An einem warmen, aber schattigen Platz ohne direkte Sonneneinstrahlung hängen die Kräuter mit dem »Kopf« nach unten zum Trocknen.

Traditionelle Kräuterbeete, wie sie schon vor Hunderten von Jahren in Kloster- und Apothekengärten angelegt wurden, sind streng symmetrisch: Quadratisch oder rechteckig mit akkuraten Beeteinfassungen, bilden sie oft ein Kreuz mit sich kreuzenden Längs- und Querwegen, in dessen Mitte ein (Spring-)Brunnen oder Wasserschöpfbecken steht.

Aber auch natürlich angelegte Beete haben ihren Reiz. Beim Bepflanzen achten Sie neben den Wünschen der Pflanzen an den Standort auf die Wuchshöhe der verschiedenen Kräuter: Die hohen kommen nach hinten, die niedrigen nach vorne. Schatten spendet eine Felsenbirne oder Ihr Lieblings-Wildstrauch. Wildkräuter, die sich von selbst dort ausbreiten, werden mit sanft ordnender Hand am Überwuchern gehindert – denn die feinen Kräutlein landen auch in der Küche: Giersch und Guter Heinrich, Sauerampfer und Schafgarbe, Spitzwegerich und Vogelmiere zum Beispiel.

Ein Platz an der Sonne

Viele Kräuter lieben Sonne und Wärme. Dort bilden sie die besten Aromen, den feinsten Duft und zeigen gesunden Wuchs. Wärme bekommen Sie in den Boden, wenn Sie das Kräuterbeet ein wenig höher bauen und den Rand – besonders auf der Südseite – mit einem Steinmäuerchen umgeben. Die Steine speichern die Sonnenwärme und geben sie an den Boden ab.

Sonnenhungrige Würzkräuter, denen Trockenheit wenig ausmacht, können Sie auch in die Fugen einer sonnigen Trockenmauer pflanzen. Oregano *(Origanum vulgare)* gehört dazu, ebenso Berg-Bohnenkraut *(Satureja montana)* und Tripmadam *(Sedum rupestre)* sowie Thymian. Den duftenden, blühfreudigen Thymian, den auch Schmetterlinge lieben, gibt es in zahlreichen herrlich duftenden Variationen, die allesamt eine Trockenmauer verschönern: Zum hellrosa blühenden Garten-Thymian *(Thymus vulgaris)* gesellen sich Kampfer-Thymian (*T. camphoratus*, grünlaubig), Zitronen-Thymian (*T.* × *citriodorus*, rosa, der schattenverträglichste), Orangen-Thymian (*T. vulgaris* 'Fragrantissimus', fruchtig, für Süßspeisen), Kümmel-Thymian (*T. herba-barona*, wächst überhängend, macht sich gut auf der Mauerkrone), Mastix-Thymian (*T. mastichina*, weißlaubig, recht große weiße Blüten), Pannonischer Thymian (*T. pannonicus*, mattenbildend), Sand- oder Wiesen-Thymian (*T. serpyllum*, kriechender Wuchs, wild in Süddeutschland, für Tee geeignet), Oregano-Thymian (*T.* spec., heißt auch Italienischer Oregano, am sonnigen Mauerfuß in humose Erde setzen), Lavendel-Thymian (*T. thracicus*, duftet im Winter nach Kiefernnadeln).

Oder legen Sie mit verschiedenen Thymianarten und -sorten einen duftenden Kräuterrasen an, für den auch der petersilienähnlich schmeckende, rasenbildende Nadelkerbel (*Scandix pecten-veneris*, frisches Kraut verwenden) geeignet ist. Achtung, viele Thymianarten brauchen Winterschutz.

Kräuterspirale und Kräuterrondell

In einer ein- oder auswärts gedrehten Kräuterspirale oder in einem runden, zum Zentrum hin höher werdenden Kräuterbeet können Sie die unterschiedlichen Standortbedürfnisse der verschiedenen Kräuter erfüllen. Dass es oben trocken warm ist, können Sie durch viele Natursteine fördern. Unten unterstützt ein kleiner Gartenteich (mit flacher Stelle für die Vögel) das kühl-feuchte Kleinklima. Dort unten wachsen Brunnenkresse (*Nasturtium officinale*, am Gewässerrand), Minzen (*Mentha*-Arten) und Sauerampfer *(Rumex acetosa)*, ganz oben an der sonnigsten, trockensten Stelle Beifuß *(Artemisia vulgaris)*, Oregano, Thymian und Ysop *(Hissopus officinalis)*, die anderen Kräuter dazwischen. Kerbel *(Anthriscus cerefolium)*, Kümmel *(Carum carvi)*, Liebstöckel *(Levisticum officinale)* und Petersilie *(Petroselinum crispum)*, die es halbschattig mögen, bekommen die Plätze auf der Nordseite von Spirale oder Rondell. Nicht düngen! Und dann beobachten Sie einmal die Schmetterlinge, Bienen, Käfer und all die anderen Tiere, die sich dort einfinden.

Kräuter im Blumenbeet

Kräuter gedeihen nicht nur perfekt im Gemüsegarten, sondern machen sich mit ihrem zierenden Äußeren und dem würzigen Duft auch zwischen Stauden und Blumen gut. Berg-Bohnenkraut, Oregano, Borretsch *(Borago officinalis)*, Eberraute *(Artemisia abrotanum)*, Rosmarin *(Rosmarinus officinalis)*, Salbei *(Salvia officinalis)*, Weinraute *(Ruta graveolens)* und Zitronenmelisse *(Melissa officinalis)* sind perfekte Partner für blühende Stauden in Rabatten und Steingarten, Portulak *(Montia perfoliata)* und Schnittlauch *(Allium schoenoprasum)* fassen Beete ein.

■ Schneckenförmig windet sich die Kräuterspirale von unten nach oben und bietet den Kräutern sonnige und schattige sowie trockene bis feuchte Plätze an.

Tipp

Kräuter, die in einem Hochbeet wachsen, können Sie ganz bequem im Stehen ernten, pflanzen und pflegen.

Tipp
Kleine Holztäfelchen oder beschriftete Steine zu den Kräutern gestellt, verraten die Namen der würzenden Pflanzen.

Kräuterbeete von A bis Z

Legen Sie doch ein zu Ihrem Lieblingsgericht passendes Kräuterbeet an. Es dürfen auch mehr sein.

- **Bouquet-garni-Kräuterbeet:** Ein würziges Sträußchen erhält man aus den Kräutern dieses Beetes: Ampfer, Kerbel, Liebstöckel, Petersilie, Thymian, Blattsellerie *(Apium graveolens)*, Dill *(Anethum graveolens)*, Estragon *(Artemisia dracunculus)*. Sie behalten beim Kochen ihr Aroma und würzen Bouillon, Eintöpfe, Saucen und Suppen.
- **Essigkräuterbeet:** Dill, Estragon, Melisse, Rosmarin, Zitronenthymian, Basilikum, Fenchel, Knoblauch oder Roter Majoran geben Essig eine feine Note.
- **Frankfurter-Grüne-Soße-Kräuterbeet:** Die sechs Kräuter Borretsch, Kerbel, Petersilie, Sauerampfer, Schnittlauch und Pimpinelle wachsen hier, das siebte, die Kresse, gedeiht auf der Fensterbank. Fein gewiegt und mit Joghurt, saurer Sahne, Zitronensaft, Salz und Pfeffer gemischt, genießt man sie zu Kartoffeln und hart gekochten Eiern.
- **Gewürzbeet:** Dort wächst Scharfes wie Knoblauch, Kümmel, Anis, Meerrettich, Weißer Senf und Zwiebeln.
- **Heilkräuterbeet:** Die Natur schenkt uns nicht nur würzige Kräuter, sondern auch heilkräftige wie etwa Alant *(Inula helenium)*, Augentrost *(Euphrasia)*, Baldrian, Beinwell, Bibernelle, Eibisch *(Althaea officinalis)*, Engelwurz, Fenchel, Frauenmantel, Heilziest *(Stachys officinalis)*, Johanniskraut, Kamille, Löffelkraut, Ringelblume und Seifenkraut.

Malvenblüten verschönern Teemischungen, sie schenken dem Tee wunderbare Blautöne nach der Ernte rasch trocknen.

Auf dem vollsonnigen Teekräuterbeet wächst auch Echte Kamille, deren frische Blüten einen besonders leckeren Tee ergeben.

- **Pesto-Beet:** Bärlauch und Basilikum unterm schattigen Wildstrauch, Rucola und Zitronenmelisse in der vollen Sonne – jedes dieser Kräuter ergibt mit Olivenöl, Parmesan, Pinienkernen, Salz und Knoblauch vermischt ein würziges Pesto.
- **Pizza-Pasta-Beet:** Italienische Kräuter brauchen viel Sonne, die es auf diesem Beet zur Genüge gibt. Das freut Basilikum, Oregano, Rosmarin, Salbei und Thymian.
- **Salat-Kräuterbeet:** Hier wächst alles, was Salate mögen, u. a. Basilikum, Estragon, Kerbel, Knoblauch, Liebstöckel, Oregano, Petersilie, Rosmarin, Salbei, Sauerampfer, Schnittlauch und Thymian. Diese Kräuter würzen auch Aufstriche, Butter, Dips, Joghurt und Quark.
- **Teekräuterbeet:** Tatsächlich können Sie aus den frischen oder getrockneten Blättern von Oregano, Eibisch, Frauenmantel, Minzen, Rosmarin, Salbei, Zitronenmelisse (ruhig mit den Blüten ernten), Brennnessel, Ehrenpreis, Gänse-Fingerkraut, Giersch, Gundermann, Indianernessel, Labkraut, Leinkraut, Spitzwegerich, Steinklee und Taubnessel feine Tees kochen. Einen blauen Blütentee ergeben die Blüten von Kleiner Braunelle, Kornblume, Wilder Malve und Veilchen, dazu im Verhältnis 1 zu 1 Zitronenverbene mischen.
- **Wildkräuterbeet:** Zusätzliche Vitamine und Geschmacksnoten liefern Wildkräuter wie Brennnessel, Gundermann, Schafgarbe, Wegwarte, Guter Heinrich *(Chenopodium bonus-henricus)*, Hirtentäschel *(Capsella bursa-pastoris)*, Löwenzahn und Vogelmiere *(Stellaria media)*.

Für Minze-Fans

Es gibt so viele zum Probieren: Ananasminze, Apfelminze, Krause Minze, Orangenminze, Pfefferminze, Schokoladenminze und Spearmint-Minze.

Die frisch gepflückten Kräuter – Ananas-Minze, Ringelblume, Lavendel, Rosmarin und Salbei – können Sie zu kleinen Sträußen binden. Noch besser: Breiten Sie die Kräuter in dünnen Lagen auf einem Holzbrett aus und lassen Sie sie rasch trocknen.

Auf dem Kinderbeet

Tipp
Sie haben zu viele Pflänzchen vorgezogen? Macht nichts. Geben Sie sie den Kindern für das eigene Gemüsebeet.

Hier gedeihen die Lieblingspflanzen der Kleinen. Natürlich dürfen sie naschen, die Großen unterstützen die Kinder beim Gießen und Pflegen, damit es den Pflanzen gut geht.

Im eigenen Beet machen Kinder ihre ersten Gärtnererfahrungen. Damit das auch viel Freude macht, suchen Sie solche Pflanzen aus, die rasch keimen, wachsen und schon bald erste Ernten ermöglichen. Kresse, Radieschen und Mais gehören zu diesen Schnellen. Im Frühjahr oder Sommer gesät, kann schon nach vier Wochen geerntet werden. Natürlich haben die Kinder zuvor das Beet gut vorbereitet, die Erde gelockert und geglättet, das erledigen Kinder gern. Aus dem frischen Erntegut zaubern sie gleich feine Leckereien für das erste Kindererntefest, denn nicht nur »Stallhasen« mögen Karotten.

■ Aus Weidenruten flechten die Kinder niedrige Zäune, die ihre Beete umgeben. So entsteht ein kleines Gemüse-Kräuter-Blumen-Gärtchen.

Mein erstes Gemüsebeet

Nun sind die ersten Erfahrungen gemacht. Weitere Gemüsearten warten darauf, im Kinderbeet angebaut zu werden. Diese Gemüse eignen sich für kleine Gärtner, sie werden im April und Mai gesät:

- **Cherry-Tomaten:** Jungpflanze an einem sonnigen, geschützten Platz in ein ausreichend großes Pflanzloch setzen und an einem Stab befestigen, regelmäßig gießen (nur die Wurzel, nicht über die Blätter) und rote Früchte ernten (evtl. schützendes Dach bauen, siehe Seite 117).
- **Erbsen:** Zuckererbsen an vollsonniger Stelle 5 cm tief in den Boden stecken, Pflanzen mit Reisern oder Weidenzweigen abstützen, ab Mai/Juni erntereif.
- **Kürbis:** Zwei bis drei Samen an einem sonnigen bis halbschattigen Platz in ein Loch stecken, reichlich gießen; kleine Kürbisse können schon in den Sommerferien, Riesenkürbisse (aus denen man gruselige Gesichter schneiden kann) im Oktober geerntet werden.
- **Sonnenblumen:** Zwei bis drei Samen 3 cm tief in den Boden stecken, alles andere machen die Blumen von allein; die verblühten Köpfe in den Winter hinein stehen lassen, denn die Vögel holen sich gern die nahrhaften Samen.
- **Stangen- oder Feuerbohnen:** Die dünnen Bohnenstangen an einem sonnigen Platz wie ein Tipi aufstellen und an der Spitze zusammenbinden; an jeder Stange zwei bis drei Bohnen (die zuvor 24 Stunden in einem Schälchen Wasser vorgequollen sind) in den Boden stecken; Achtung: rohe Bohnen sind giftig!

- **Zucchini:** Die Aussaat erfolgt wie beim Kürbis, fortlaufend ab Mitte Juli ernten (schmecken fein geraspelt lecker im Nusskuchen).
- **Zuckermais:** Maiskörner an einem vollsonnigen Platz 5 cm tief in den Boden stecken, nach den Sommerferien ernten.

Im Naschgarten

Das ist vermutlich der Lieblingsgarten der Kinder, denn dort wachsen all die Köstlichkeiten, die frisch genascht am besten schmecken: Himbeeren stehen dort, Erdbeeren auch und in einem Kübel mit Rhododendronerde Heidelbeeren, die auch Blaubeeren heißen.

Kinder-Kräuter für Kräuterkinder

Manche Kräuter tun Kindern so richtig gut. Sie helfen bei Bauchweh, kleinen Verletzungen, Insektenstichen und leichtem Sonnenbrand. Damit die Kinder die Pflanzen kennenlernen, wachsen Anis, Breitwegerich, Fenchel, Gänseblümchen, Pfefferminze, Spitzwegerich und Zitronenmelisse im Kinder-Kräuterbeet – dort wo das Schild »Meine Kinderapotheke« steckt.

Die breiten Breit-Wegerich-Blätter machen müde Füße munter, wenn sie direkt mit der Blattoberseite auf die Fußsohle gelegt werden. Strumpf drüber, Schuh an und weiterlaufen.

Die kümmelähnlichen Anis- und Fenchelsamen zaubern, in heiße Milch eingerührt, Bauchschmerzen weg und helfen, mit Honig gesüßt, beim Einschlafen (je 1 Teelöffel Anis und Fenchel auf 200 ml Milch).

Gänseblümchen enthalten entzündungshemmende und schmerzlindernde Substanzen, die kleine Hautabschürfungen oder Insektenstiche heilen (wie ein Pflaster auflegen).

Die Blätter von Pfefferminze und der Saft aus Spitzwegerich-Blättern (diese dazu drehen und pressen) kühlen und lindern Schmerzen und Juckreiz bei Schürfwunden und Insektenstichen.

Pfefferminze und Zitronenmelisse geben auch leckere Tees. Noch mehr Minzen fürs Kinderkräuterbeet finden Sie auf Seite 121.

Basteln fürs Kinderbeet

Schilder mit den Namen der Gemüse, Blumen und Kräuter helfen die Pflanzen auseinanderzuhalten, ganz besonders, wenn sie noch ganz klein sind und mit den ersten Blättern aus dem Erdreich lugen. Darum basteln die Kinder bunte Pflanzenschilder aus Holz oder Ton. Den Pflanzennamen mit wasserfesten Farben aufgemalt oder mit einem Stab in den Ton geschrieben, schon sind sie fertig. Gleich nach dem Säen markieren die Schilder die Saatreihen, dazu am Anfang noch am Ende jeder Reihe in die Erde stecken.

■ Dort, wo das Schild im Erdboden steckt, sollen die ersten eigenen Karotten wachsen! Weil ihre Keimdauer sehr lang ist, mischt man die Samen am besten mit denen von Radieschen.

Tipp

In Bauerngärten wurden die Beete mit geflochtenen Weiden- oder Haselruten umgeben. Dazu stecken die Kinder kurze Holzpflöcke in den Boden und flechten die langen, dünnen Ruten ein.

Jahresplaner

Februar und März – Saisonstart

Wenn die Schneeglöckchen zu blühen beginnen, ist er da, der Vorfrühling. Nun erwacht die Tier- und Pflanzenwelt aus dem Winterschlaf. Die beste Zeit, um Gehölze zu schneiden.

Meistens beginnt der Februar frostig und kalt. Wenn aber die Sonne scheint, spürt man schon ihre Kraft. Der März zeigt sich mit vielerlei Gesichtern, in manchen Jahren ist er noch ziemlich winterlich, in anderen schon sehr frühlingshaft – aber überall ist jetzt deutlich wahrzunehmen, dass die Natur in den Startlöchern steht.

Welche Gartenecken gefallen Ihnen? Wo könnte es anders aussehen? Machen Sie jetzt Pläne, wie Sie den Garten umgestalten, denn bald ist Pflanzzeit.

Im Februar können Sie eine Bodenuntersuchung in Auftrag geben, die Ihnen Aufschluss über den derzeitigen Nährstoffgehalt Ihrer Gartenerde gibt. Fischen Sie die Blätter ab, die auf dem Gartenteich schwimmen. Bei trockenem Wetter harken Sie Laubreste vom Rasen ab. Je nach Witterungsverlauf entfernen Sie nun die Winterabdeckungen auf den Pflanzen und Beeten. Für Kälteeinbrüche halten Sie aber Fichtenreisig und anderen Winterschutz für empfindliche Pflanzen noch bereit.

■ Im Frühjahr werden die Baumscheiben mit 3 l Kompost pro m² versorgt – das reicht als Nährstoffgabe für das ganze Jahr, denn Kompost wird im Boden langsam umgesetzt.

■ Nun können die Gräser und Stauden zurückgeschnitten werden, denn die Kleintiere erwachen aus der Winterstarre.

Die wichtigsten Handgriffe

Bäume und Sträucher:

- Im Februar sind noch Schnittmaßnahmen an Bäumen, Sträuchern und Hecken möglich.
- Unter Steinobstbäumen und Beerensträuchern können Sie ab Ende Februar 3 l Kompost pro Quadratmeter Boden oberflächlich einarbeiten.
- Entfernen Sie hängen gebliebene Fruchtmumien.
- Denken Sie an frostfreien Tagen ans Gießen. Besonders immergrüne Gehölze müssen bei trockenem Wetter durchdringend gewässert werden.
- März ist eine gute Pflanzzeit für Bäume und Sträucher.

Blumen und Stauden:

- Abgestorbene Stauden und Gräser werden nun kurz über dem Boden abgeschnitten.
- Am hellen Fensterplatz können Sommerblumen schon vorgezogen werden.
- Ab März erfolgt die Aussaat robuster Sommerblumen in den Beeten.

Gemüse und Kräuter:

- Welche Gemüse sollen in diesem Jahr auf den Tisch? Planen Sie nun die Mischkulturen, Fruchtfolge und Fruchtwechsel auf den Beeten und besorgen Sie das Saatgut.
- Trockenes Wetter ist günstig, um die Beete für erste Gemüsesaaten und -pflanzen vorzubereiten. Dazu Boden lockern und Kompost einarbeiten.
- Gurken, Kürbis, Tomaten, Zucchini und andere Gemüse sowie Kräuter vorziehen.
- Ab März erste Aussaaten (Radieschen, Salat, Spinat) im Freien sowie Steckzwiebeln pflanzen.

An den ersten warmen Tagen verlässt der Zitronenfalter sein Versteck, in dem er als Schmetterling überwintert hat.

Jetzt im Naturgarten

- An sonnig warmen Tagen fliegen nun schon die ersten dicken Hummeln und besuchen die Blüten von Sal-Weiden und anderen Frühblühern. Sie sind Königinnen, die nun einen neuen Staat gründen.
- Der Zitronenfalter ist der erste Schmetterling des Jahres, etwas später tauchen Tagpfauenauge und Kleiner Fuchs auf, die auch als Falter überwintern.
- Unüberhörbar singen die Vögel den Frühling herbei, erst zaghaft nur in sonnigen Mittagsstunden, bald beginnt das Vogelkonzert schon vor Sonnenaufgang. Kohlmeisen und Blaumeisen gehören zu den ersten Sängern, die Sie nach dem Winter hören.
- Grasfrösche und Erdkröten haben auch schon ihre Winterverstecke verlassen und wandern zu den Teichen, um sich zu paaren und zu laichen. Danach verschwinden sie wieder in den umliegenden Gärten und Wäldern.
- Nach dem leisen Blühstart der Schneeglöckchen tauchen bald Veilchen, Huflattich, Märzenbecher und Krokusse unter den Gehölzen und auf den Beeten auf.

Tipp für Kinder

In Hamburg gibt es einen Forsythien-Kalender. Seit 1945 wird notiert, wann die Forsythien an der Lombardbrücke aufblühen. Solch einen Blühkalender kann es auch in Ihrem Garten geben: Jedes der Kinder sucht sich dazu einen Wildstrauch aus und besucht ihn täglich, um die Entwicklung der Knospen mitzubekommen, und notiert dann im Kalender den Tag, an dem er zum ersten Mal geblüht hat.

April und Mai – Frühling

Nun leuchtet der Garten in bunten Farben ob all der Blüten, die von Bienen, Schmetterlingen und anderen Insekten besucht werden. Neue Vielfalt kommt auch in die Beete, denn nun beginnt die Pflanzzeit für Stauden.

Der April macht wettermäßig, was er will, während sich der Mai entweder sommerlich oder wechselhaft zeigt. Der Florianstag (4.5.), die Eisheiligen (12. bis 14.5.) und die Kalte Sophie (15.5.) können kalte Tage bringen. Empfindliche Pflanzen kommen erst nach diesen Tagen ins Freie.

Schönes Frühlingswetter lockt nun in den Garten, in dem es einiges zu tun gibt. Die Beete werden oberflächlich gelockert, schützende Jauchen und Brühen können ausgebracht werden. Auf leeren Beeten säen Sie Gründüngungspflanzen ein, Blumen- und Gemüsebeete werden gemulcht. Verwelkten Zwiebelblumen belassen Sie ihr Grün, denn die Pflanzen ziehen noch die Nährstoffe heraus und lagern sie in den Zwiebeln für das nächste Jahr ein. Im Gartenteich sollten Sie regelmäßig Wasser nachfüllen, um die Verluste durch Verdunstung auszugleichen. Bei Trockenheit müssen die Beete nun täglich gegossen werden (am besten morgens). Wenn die Erdbeeren blühen, bringen Sie Stroh aus.

Mit dem Einzug von warmem Frühlingswetter gibt es im Garten immer mehr zu tun. Doch lassen Sie sich nicht täuschen, die Nachtfrostgefahr ist noch nicht vorbei.

Alle Wildstauden, die im Herbst blühen, können nun gepflanzt werden. Achten Sie auf genügend große Pflanzabstände.

Die wichtigsten Handgriffe

Bäume und Sträucher:

- April ist die beste Pflanzzeit für Rosen und Klettergehölze, auch Kiwi, Nadelgehölze und Immergrüne können nun gepflanzt werden (sofern es nicht zu warm und zu trocken ist).
- Sind an den Stämmen Frostrisse aufgetreten, sollten Sie diese versorgen. Lose Borke bis ins gesunde Holz zurückschneiden, dann mit Wundverschlussmittel einstreichen.
- Kleine Sträucher wie den Lavendel schneiden Sie im April um ein Drittel bis zur Hälfte zurück.

Blumen und Stauden:

- Auch für herbstblühende Wildstauden ist im April die beste Pflanzzeit, ältere Stauden können Sie nun auch teilen.
- Nach den Eisheiligen können Sie bedenkenlos alle kälteempfindlichen Blumen ohne Vorkultur im Freien aussäen.
- Ab Ende April dürfen Seerosen und andere Wasserpflanzen im Gartenteich geteilt oder neu eingesetzt werden.

Gemüse und Kräuter:

- Im Freiland können gesät werden: ab April Karotten, Kohlrabi, Mairüben, Mangold, Rettich, Rote Bete, ab Mitte Mai dann alle anderen Gemüsearten wie z. B. Busch- und Stangenbohnen.
- Im April pflanzen Sie Frühkartoffeln und vorgezogenes Gemüse wie Kohl, Lauch und Salate, im Mai dann die vorgezogenen empfindlichen Gemüse, etwa Gurken, Kürbis, Tomaten und Zucchini sowie Kräuter (vorgezogene und wärmeliebende) ins Freiland.
- Bei Bedarf können Sie Oregano, Salbei, Schnittlauch und Thymian teilen.
- Häufeln Sie Kartoffeln an, damit die Knollen nicht vergrünen.

Auch der Igel erwacht jetzt aus seinem Winterschlaf – und weil er so viel Gewicht verloren hat, ist er sehr hungrig.

Jetzt im Naturgarten

- Die Brutzeit der Vögel ist im vollen Gang. Alle Nistkästen und die besten Nestplätze im Gebüsch sind besetzt, die ersten Jungvögel schon geschlüpft oder gar schon flügge. Nun ist der Futterbedarf der Vögel am größten, eine Ganzjahresfutterstelle macht angesichts ausgeräumter Kulturlandschaften Sinn!
- Achten Sie auf die ersten Schwalben, die bekanntlich den Frühling einläuten, in den Städten auf die ersten Mauersegler, die zu den letzten Heimkehrern unter den Zugvögeln zählen.
- Igel, Siebenschläfer und Fledermäuse sind auch schon aus dem Winterschlaf erwacht und erfüllen den nächtlichen Garten mit ihren Geräuschen.
- Im Insektenhotel herrscht Kommen und Gehen, denn die Wildbienen tragen Unmengen an Nahrungsvorräten ein, legen ein Ei darauf und verschließen die Brutkammer.
- Die ersten Ernten stehen auch schon an, leckere Wildkräuter (Löwenzahn, Brennnessel, Bärlauch etc.) und feine Blüten (Gänseblümchen, Huflattich etc.) ergeben schmackhafte Frühlingskost.

Tipp für Kinder

Sonnenblumen sind die Freunde der Kinder. Die kleinen und mickrigen Sonnenblumenkerne aus dem Vogelfutter können Kinder nun an einem sonnigen Platz fingertief in die Erde stecken, etwa am Zaun entlang, rund um das Kinderbeet, den Kompostplatz, die Gemüse- und Blumenrabatte, vors Haus oder an den Wegesrand.

Juni – Sommeranfang

Mit den leuchtend weißen, duftenden Blütenschirmen des Schwarzen Holunders und blühenden Gräsern hält der Sommer Einzug in den Garten. Neben dem regelmäßigen Gießen stehen erste Ernten an.

Eher warm und mit den ersten sommerlichen Gewittern läutet der Juni häufig den Beginn des meteorologischen Sommers ein. Mindestens einmal Schafskälte kommt auch in fast jedem Juni vor. Die Sense hat jetzt beim Mähen der Blumenwiese ihren ersten Einsatz. Der Johannistag am 24. Juni – ihm verdankt das heilwirksame Johanniskraut, das jetzt blüht, seinen Namen – ist der letzte für Rhabarber- und Spargelernten. Gießen, gießen, gießen – das ist die häufigste Arbeit im Zier- und Nutzgarten, auch die Bäume dürfen nicht vergessen werden. Mulchen setzt die Verdunstung des Bodens herab – erneuern Sie daher, wenn nötig, die Mulchschichten. Rasenschnitt – nicht zu tief mähen – bleibt als Mulchdecke liegen. Besorgen Sie sich also am besten einen Rasenmäher ohne Fangkorb. Besonders bei feuchtwarmem Wetter vermehren sich Blattläuse und Pilzkrankheiten (Grauschimmel, Mehltau) rasch. Zur Vorbeugung wenden Sie pflanzenstärkende Brühen und Jauchen an. Kranke Pflanzenteile werden entfernt.

■ Junge Blaumeisen verlassen manchmal schon ihr Nest, bevor sie richtig flügge sind. Gefährlich wird es für die Jungvögel erst, wenn sie nicht mehr von ihren Eltern versorgt werden.

■ Stangenbohnen, hier mit Keim- und den ersten Laubblättern, brauchen warmes Wetter zum Keimen und Heranwachsen.

Die wichtigsten Handgriffe

Bäume und Sträucher:

- Die ersten Früchte werden reif und können geerntet werden.
- Spalierbäume erhalten nun einen Erziehungsschnitt.
- Leiten Sie die neuen Triebe der Kletterpflanzen an den Rankgerüsten auf und binden Sie die langen, kräftigen Triebe des Beerenobstes an, ohne sie dabei zu verletzen oder abzubrechen.

Blumen und Stauden:

- Frühmorgens ist der beste Zeitpunkt, um Schnittblumen für die Vase zu schneiden.
- In Beetlücken oder an Stellen, die nicht so blühen, wie Sie es möchten, können Sie vorgezogene Sommerblumen oder Wildblumen (Containerpflanzen) pflanzen.

Gemüse und Kräuter:

- Düngen Sie starkzehrende Gemüse wie z. B. Kohlarten mit verdünnter Brennnesseljauche nach. Alle anderen Kulturen sind dank der Kompostgaben im Frühjahr genügend mit Nährstoffen versorgt.
- Erntetermin für viele Blattgemüse und Salate, ernten Sie an sonnigen Tagen am besten abends, weil dann der Nitratgehalt in den Pflanzen am geringsten ist.
- Auf den abgeernteten Beeten können Sie Blattsalate, Brokkoli, Buschbohnen, Fenchel, Herbst-Rettich, Mangold, Radieschen, Rote Bete und Winterlauch einsäen, Kohl (Blumenkohl, Grünkohl, Kohlrabi, Kopfkohl, Rosenkohl) pflanzen.
- Geizen Sie die Tomaten regelmäßig aus.
- Von stark wuchernden Kräutern wie Minzen stechen Sie nun die Ausläufer ab. Kräuter vor der Blüte ernten, nur Oregano, Sommer-Bohnenkraut und Ysop danach.

Bei trockenem, warmem Wetter wird der Salbei geerntet, am besten mittags. Dann enthält er die meisten Wirkstoffe.

Jetzt im Naturgarten

- Weiße watteähnliche Flusen, die nun durch die Luft fliegen und sich am Boden sammeln, sind die Samen von Pappeln (hauptsächlich) und Weiden.
- Die Vogeleltern sind weiterhin mit dem Versorgen ihrer schon flüggen Küken beschäftigt oder brüten gar ein zweites Mal. Viele Jungvögel, oft noch etwas unbeholfen – und für Katzenhalter heißt es nun immer noch: Katzen im Haus lassen oder mit Glöckchenhalsband versehen.
- Für Insekten ist der Naturgarten ein Paradies, dort können Sie nun Käfer, Fliegen, Bienen, Wespen, Heuschrecken, Schmetterlinge und noch viele mehr entdecken, die wiederum Igel, Spitzmäuse, Fledermäuse, bei zusagenden Standorten auch Eidechsen, Blindschleichen und viele andere anlocken. Zählen Sie doch einmal, wie viele verschiedene Tiere Sie an einem sonnigen Junitag in einer halben Stunde beobachten.
- Abends fliegen jetzt Junikäfer und die leuchtenden Glühwürmchen, Kreuzspinnen lauern in der Netzmitte auf Beute.

Tipp für Kinder

Kinder ziehen alte Wollsocken über und laufen durch die Blumenwiese. An den Socken bleiben ganz viele Samen hängen: Dann füllen die Kinder Blumenerde in einen breiten Topf, legen die Socken drauf, angießen und warten: Welche Pflanzen hier wohl keimen?

Juli und August – Hitzezeit

Juchhu, der Hochsommer ist da! Wenn es immer mal wieder kräftig regnet, kann man den Pflanzen förmlich beim Wachsen zuschauen. Die Natur ist nun auf ihrem Jahreshöhepunkt!

Schwüle Tage, Gewitter und leider auch Hagelschlag gehören zu Juli und August. Abgesehen von regelmäßigem Gießen bei trockenen Wetterlagen können Sie es sich nun im Schatten gemütlich machen und Ihren Garten in vollen Zügen genießen.

Ab Ende Juli stellen Sie die Düngung ein, denn nun werden die Nährstoffe nicht mehr von den Pflanzen aufgenommen und gehen ins Grundwasser. Weil Sommerhitze zu sauerstoffarmem Teichwasser führen kann, verbessern Sie die Frischluftzufuhr durch reichlich Unterwasserpflanzen oder indem Sie mithilfe eines Sprudelsteins für bewegtes Wasser sorgen.

Die wichtigsten Handgriffe

Bäume und Sträucher:

- Viele Beeren, Kirschen, Nektarinen, Pfirsiche sowie frühe Apfel- und Pflaumensorten sind nun erntereif. Übervoll hängende Obstbäume, etwa Quitten, benötigen eine Stütze, damit die Äste nicht abbrechen.
- Ruten der Sommer-Himbeersorten schneiden Sie nach der Ernte zurück.

Gießen, gießen und nochmals gießen, das ist die Devise in heißen Sommerperioden. Gießen Sie am besten morgens und lieber einmal durchdringend als öfter nur ein bisschen.

Die leckeren Haselnüsse sind erntereif, wenn die äußeren Fruchtbecher und Schalen braun werden.

- Nun ist auch die Zeit für den Sommerschnitt der Obstbäume, Johannis- und Stachelbeersträucher.
- Ab Ende Juli bis Mitte August können Sie Erdbeeren pflanzen. Stecken Sie dazwischen Knoblauchzehen in die Erde, sie fördern Gesundheit und Wachstum.

Blumen und Stauden:

- Rosen und Malven stärken Sie jetzt mit einer Brühe aus Rainfarn und Schachtelhalm.

Gemüse und Kräuter:

- Jetzt unbedingt stets ausreichend gießen für guten Geschmack und gehaltvolle Ernten!
- Es herrscht weiterhin Erntezeit im Gemüse- und Kräutergarten, sehr lecker sind jetzt junge Buschbohnen, Gurken und Zucchini. Auch die ersten Kartoffeln können aus der Erde geholt werden. Zwiebeln erntet man, wenn die Blätter umgefallen und im oberen Drittel vertrocknet sind.
- Kräuter, die Sie sanft im Schatten trocknen möchten, ernten Sie am besten kurz vor der Blüte. Dann haben sie die meisten Inhaltsstoffe.
- Auf abgeernteten Beeten säen Sie Gründüngungspflanzen ein.
- Wenn Sie weißen Blumenkohl ernten möchten, sollten Sie nun ein paar Blätter abknicken und damit die Blüte beschatten. Auch Lauchschäfte bleiben weiß, wenn Sie die Erde anhäufeln.
- Herbst- und Wintergemüse (Chinakohl, Eissalat, Grünkohl, Mangold, verschiedene Rüben, Zuckerhut) kann weiterhin ausgesät werden. Ende August endet die Aussaatzeit für Kopf- und Pflücksalat, für Radieschen und Rettich.
- In regnerischen Phasen brauchen Tomaten ein Dach über dem Kopf.
- Wenn beim Knoblauch die Blätter braun werden und umkippen, ist Erntezeit. Der beste Lagerplatz ist kühl, luftig und schattig.

Die scheue Haselmaus, mit dem Siebenschläfer verwandt, ist nachts im dichten Gebüsch unterwegs.

Jetzt im Naturgarten

- In keinem Monat gibt es bei uns so viele Tiere wie im August. Auch die Nächte sind voll von Tieren sowie dem Quaken der Frösche. Magische Stimmung kommt auf, wo es noch Glühwürmchen gibt (keine Würmer, sondern leuchtende Käfer). Andernorts können Stechmücken jetzt lästig werden. Freuen Sie sich dort an den Zwergfledermäusen, die jede Nacht mehrere hundert von ihnen vertilgen.
- Ob es in Ihrem Garten die putzigen Haselmäuse – die kleinen Verwandten des Siebenschläfers – gibt, erkennen Sie an den typischerweise geöffneten Haselnüssen – Grund genug, eine Hasel zu pflanzen.
- Die Insektenwelt ist weiterhin auf ihrem Höhepunkt, doch lassen Sie sich auch einmal überraschen von der Vielfalt an Spinnen im Garten. Wenn morgens der Tau auf den Hecken und Wiesen liegt, machen die glitzernden Wassertropfen die vielen Spinnennetze sichtbar. Ohne Tau erzeugen Sie feine Wassertröpfchen einfach mit einer Sprühflasche.

Tipp für Kinder

Vögel freuen sich jetzt über täglich frisches Wasser in der flachen Vogeltränke. Die lässt sich ganz einfach aus einem flachen Blumenuntersetzer aus Ton selbst machen, in den die Kinder einige größere Steine legen. Eine zweite Tonschale wird als Sandbad für die Spatzen mit Sand gefüllt.

September und Oktober – Herbst

Eben war noch Sommer, schon wiegen sich die Getreidefelder gelb im Wind und künden den Spätsommer an. Wenn diese dann abgeerntet sind, erscheinen ganz leise die ersten Herbstzeitlosen, Boten des Frühherbstes.

Die Bezeichnungen »Altweibersommer« und »Goldener Oktober« deuten auf sonnig warme Herbsttage hin, die zu den angenehmsten Tagen des Jahres gehören. Nun werden die verschiedenen Wildfrüchte reif, und während die Blumenwiese zum zweiten Mal gemäht wird – eine Magerwiese sogar zum ersten und einzigen Mal im Jahreslauf –, kommen manche Menschen förmlich in Ernte- und Verarbeitungsstress. Auf dem Arbeitsplan für den September steht auch Nistkastenputzen (altes Nistmaterial entfernen, evtl. mit heißem Wasser ausschrubben), damit er für Überwinterungsgäste frei ist.

Die wichtigsten Handgriffe

Bäume und Sträucher:

- Erntezeit ist im Obstgarten bei Äpfeln, Birnen, Brom- und Himbeeren sowie späten Pflaumensorten. Heruntergefallene Walnüsse lesen Sie auf. Hagebutten, Schwarzer Holunder und viele Wildfrüchte sind im September reif.

Blumenzwiebel setzen macht Freude, denn man sieht dank der großen Zwiebeln, was man getan hat. Setzen Sie die Zwiebeln in Gruppen, dann wirken sie besser.

Pflanzen Sie wurzelnackte Rosen möglichst bald, dann entwickeln sie vor dem Winter noch möglichst viele Faserwurzeln.

- Nun beginnt die Pflanzzeit für Rosen, Obst- und Laubbäume (immergrüne im September, laubabwerfende im Oktober). Weil im Winter der Obstbaumschnitt ansteht, erkundigen Sie sich doch jetzt schon nach einem Schnittkurs.
- Laubbäume und -sträucher verlieren im Herbst ihre Blätter. Nur so müssen sie nicht vertrocknen. Verzichten Sie auf die überlauten Laubbläser und -sauger, die vielen Kleinstlebewesen das Leben kosten, und nehmen Sie stattdessen den Blätterregen als Segen: Erstens lädt er Sie zur sportlichen Betätigungen im Freien ein und zweitens bietet er unter die Sträucher gekehrt den unzähligen Kleintieren ein warmes Winternest. Dort verrottet das Laub auf natürliche Weise zu gutem Humus.
- Gegen Frostspanner können Sie nun Leimringe anbringen, die Sie unbedingt im Dezember/Januar nach richtigem Winterwetter wieder entfernen müssen.

Blumen und Stauden:

- Nun können Sie die frühjahrsblühenden Stauden teilen oder neu pflanzen. Sie können jetzt auch einen Pflanzplan überlegen. Günstig ist es, wenn Sie von den Rabatten während der Vegetationszeit regelmäßig Fotos machen: Welche Pflanzen möchten Sie an welchen Stellen ergänzen?
- Auch Zweijährige und die Frühlingsblumenzwiebeln können jetzt ins Beet.
- Sammeln Sie die Samen der Sommerblumen, füllen Sie sie in beschriftete Papiertüten, trocknen und kühl lagern.

Gemüse und Kräuter:

- Die Ernten sind nun in vollem Gang! Vor dem ersten Frost müssen Blumenkohl, Brokkoli, Karotten, Knollenfenchel, Rettich, Rote Bete und Sellerieknollen geerntet sein.
- Feldsalat und Spinat können Sie nochmals im September aussäen.

Stare bilden nun große Schwärme, die ihnen mehr Sicherheit verheißen als das Leben in einer kleinen Gruppe.

Jetzt im Naturgarten

- Die Tiere spüren an den kürzer werdenden Tagen, dass es Herbst wird. Sie stellen sich auf verschiedene Weisen darauf ein: Zugvögel versammeln sich und brechen bald auf zu ihrer Wanderung in den Süden. Viele Vögel, die im Jahreslauf eher einzeln unterwegs waren, bilden nun größere Trupps und Schwärme.
- Eichhörnchen und Eichelhäher beginnen, eifrig Vorräte zu sammeln, während sich Igel, Fledermäuse und Siebenschläfer ein kleines Fettpolster für den Winterschlaf anfuttern.
- Wildfrüchte in Hülle und Fülle bieten Möglichkeiten, die botanischen Kenntnisse aufzufrischen. Wie heißen wohl die roten, blauen und schwarzen Früchte?
- Feucht-mildes Herbstwetter ist Pilzwetter. Sie schießen nach Regentagen buchstäblich wie Pilze aus dem Boden. Im Garten können Sie an zusagenden Standorten die Schopftintlinge und Birkenpilze entdecken. Schauen Sie mal auf dem Komposthaufen nach, auch dort wachsen oft verschiedene Pilze.

Tipp für Kinder

Damit die Vögel im Winter wissen, wo es etwas zu futtern gibt, sollte spätestens jetzt mit der Fütterung begonnen werden. Auf Erdnüsse stehen viele Vögel: Einfach unbehandelte Erdnüsse (nicht gesalzen, nicht geröstet, nicht gewürzt) ohne Schalen in ein Plastiknetz (z. B. von Meisenknödeln) füllen und aufhängen.

November – Saisonausklang

Bizarre Baumsilhouetten, filigrane Staudenreste und hier und da noch immer letzte Blütenkleckse – so präsentiert sich der Garten im November und wird es noch die nächsten Monate tun. Langsam kehrt Ruhe ein.

Die letzten Herbststürme fegen nun übers Land und holen die restlichen Blätter von den Bäumen. Darum ist das Laubrechen die wohl häufigste Gartenarbeit im November. Rechen Sie es von den Rasenflächen auf die Beete und unter die Sträucher. Laub ist ein hervorragender Winterschutz – das weiß auch der Igel, der sich in den Laubhaufen sein Winternest baut.

Das zweite große Arbeitsthema im Novembergarten ist der Winterschutz, damit die Pflanzen nicht erfrieren oder verdursten. Frostempfindliche Stauden, Zweijährige, Kräuter und Gehölze decken Sie mit Reisig und Laub ab, mit Stroh geht auch. Rosen werden vor dem Abdecken mit Erde und Laub angehäufelt und mit Reisig abgedeckt, damit die Veredlungsstelle gut geschützt ist. Nicht winterharte Teichpflanzen nehmen Sie nun aus dem Teich und überwintern sie in einem Wassereimer an einem hellen, frostfreien Platz.

Schnee und Raureif bilden hübsche Mützen auf den Stauden und Gräsern. Die Horste bleiben stehen, weil zwischen den Pflanzen unzählige Tiere überwintern.

Die Veredlungsstelle der Rosen häufeln Sie nun zum Schutz vor kalten Winterperioden mit Erde an.

Die wichtigsten Handgriffe

Bäume und Sträucher:

- Decken Sie den Boden der Baumscheiben mit Mulchmaterial (Laub, Stroh) ab.
- In frostfreiem Boden können Sie laubabwerfende Gehölze (Obst- und Zierbäume, Beeren- und Wildsträucher, Rosen) noch immer pflanzen. Bäume benötigen unbedingt einen Pflanzpfahl.
- Streichen Sie die Rinde von Obstbäumen mit weißer Kalkmilch an oder umhüllen Sie die Stämme mit einer Schilfmatte. Dies ist ein guter Schutz vor Frostrissen, die an sonnigen Wintertagen entstehen können, wenn die Nächte kalt sind und tagsüber die Sonne die Stämme erhitzt.
- Bei trockenem Wetter kräftiges Wässern der Immergrünen und Nadelgehölze nicht vergessen!

Blumen und Stauden:

- Schneiden Sie die Stauden und Gräser nicht zurück, sondern lassen Sie sie über den Winter stehen. Sie ergeben bei Schnee hübsche Gartenbilder, und die abgestorbenen Triebe sind wichtige Winterverstecke für allerhand Kleintiere.
- Die letzten Frühlingsblumenzwiebeln setzen.

Gemüse und Kräuter:

- Die Kiwis werden jetzt geerntet.
- Verlesen Sie Gemüse und Obst sorgfältig vor dem Einlagern in der Erdmiete, im Frühbeet oder Keller.
- Gemüse wie Feldsalat, Lauch, Schwarzwurzeln, Spinat und Wurzelpetersilie, das im Winter auf dem Beet stehen bleibt, decken Sie mit einer lockeren, luftdurchlässigen Schicht aus Heckenschnitt, Laub oder Stroh ab.
- Grün- und Rosenkohl schmecken besser, wenn sie nach den ersten Frostnächten geerntet werden.

Eichelhäher, in der warmen Jahreshälfte im Wald zu Hause, ziehen nun gern auf der Suche nach Nahrung in den Gärten ein.

Jetzt im Naturgarten

- Im Garten wird es nun merklich ruhiger. Die Gelegenheit, sich den kleinen Dingen zuzuwenden, etwa den Knospen, die nun schon allesamt gebildet sind und anzeigen, dass die vergangene Vegetationsperiode schon lange abgeschlossen ist.
- Eichelhäher fallen nun gern zu mehreren im Garten ein, sie können mit leuchtend gelben Maiskolben angelockt werden. Auch an der Vogelfutterstelle können Sie herrliche Vogelbeobachtungen der dagebliebenen Vogelschar machen.
- Der Igel verschwindet nun endgültig in seinem Winterversteck. Verzichten Sie auf das Verbrennen von Gartenabfällen, denn genau dorthin haben sie sich für die kalte Jahreszeit zurückgezogen.
- Auch Nistkästen lassen Sie ab nun in Ruhe, denn darin hat sich vielleicht ein Siebenschläfer zurückgezogen – und auch Meisen suchen die Kästen gern in kalten Nächten auf.
- Tagpfauenauge und Kleiner Fuchs überwintern als Schmetterlinge. Sie suchen nun frostsichere Quartiere z. B. in Schuppen.

Tipp für Kinder

Für den Igel bauen die Kinder nun ein Igelhäuschen. Dazu stellen Sie eine locker mit Laub und kleinen Ästchen gefüllte Holzkiste umgedreht an einer geschützten Stelle zwischen Wildsträuchern auf den Boden. An einer Stelle graben sie als Eingang ein Loch ins Erdreich. Dann decken Sie die Holzkiste mit Dachpappe und Reisig ab.

Dezember und Januar – Ruhezeit

Still ist es geworden im Garten, die Natur ruht sich aus. Die Pflanzen schöpfen Kraft für das kommende Jahr, nur Christrosen und Seidelbast setzen zarte Farbtupfer ins Wintergrau.

Ein richtiger Winter zeigt sich mit Schnee, Frost und Eis. Oftmals wechseln sich insbesondere im Dezember milde Tage mit nasskalten ab. Winterschutz für die Pflanzen ist daher auch im Dezember und Januar weiterhin ein wichtiges Thema. In frostig kalten Perioden können Sie den Kompost mit einer Schilfmatte schützen.

Wenn es draußen nichts zu tun gibt und die Sehnsucht nach dem Gärtnern zu groß wird, blättern Sie doch einfach in Pflanzenkatalogen, Gartenbüchern und -zeitschriften und schwelgen Sie dabei in Ihren Gedanken im Garten herum. Nun können Sie Pläne schmieden, passende Pflanzen aussuchen und Gestaltungsideen entwickeln für die Gartenecken, die Ihnen im vergangenen Jahr nicht so gut gefallen haben. Wenn Sie sich Notizen über die Erfolge und Misserfolge im Gemüse-, Kräuter- und Obstgarten gemacht haben, können Sie nun überlegen, wie Sie es im folgenden Jahr anders machen. Beispielsweise welche Pflanzenfreunde Sie zusammensetzen, welche Brühen und Jauchen Sie einmal ausprobieren möchten, welche Fruchtfolgen und -wechsel sich für Ihre Bedürfnisse und die Standortbedingungen in

■ Fettfutter für Blaumeisen können Sie selbst machen: In eine leere Kokosnussschale flüssigen, mit Körnern gemischten Rindertalg einfüllen, fest werden lassen, aufhängen.

■ Nun ist es Zeit, neue Nistkästen zu basteln und aufzuhängen. Die nächste Brutperiode steht vor der Tür.

Ihrem Garten anbieten. Wenn Ihnen nach Bewegung ist, nutzen Sie die Zeit, um den Geräteschuppen aufzuräumen und die Werkzeuge zu reinigen und zu schärfen.

Dem putzigen Eichhörnchen, das nur an milden Wintertagen seinen Kobel hoch oben im Baum verlässt, können Sie Haselnüsse (ruhig mit Schale) anbieten.

Die wichtigsten Handgriffe

Bäume und Sträucher:

- In frostfreien Perioden müssen Sie die immergrünen Laub- und Nadelgehölze kräftig wässern.
- Nehmen Sie nun die um die Stämme ausgebrachten Leimringe ab, sofern es schon richtiger Winter war.
- Die jungen Bodentriebe der Haselnuss können Sie jetzt zurückschneiden, dann gibt es im kommenden Jahr mehr Nüsse.
- Fegen Sie schwere Schneelasten von den Ästen und Zweigen, damit sie nicht abbrechen.

Blumen und Stauden:

- An welchen halbschattigen Stellen mit humosem Boden würden Christrosen gut passen? Merken Sie sich diese, denn dort pflanzen Sie im Frühjahr diese Winterblüher.

Gemüse und Kräuter:

- An frostfreien Tagen können Sie weiterhin Feldsalat, Kohlgemüse (z. B. Grün- und Rosenkohl), Lauch, Meerrettich, Topinambur und Winterportulak ernten. Ernten Sie kein gefrorenes Gemüse, da es beim Auftauen matschig wird.
- Kontrollieren Sie regelmäßig die eingelagerten Gemüse- und Obstbestände, dabei lesen Sie Faules sofort aus.
- Eine Waschmaschinentrommel, mit dem Deckel nach oben im Boden eingegraben und mit Stroh ausgelegt, schützt eingelagertes Gemüse vor »Schädlingen«.

Wenn viel schwerer Schnee auf den Ästen liegt, klopfen Sie ihn ab. Sonst könnten die Äste abbrechen.

Jetzt im Naturgarten

- Die Futterstellen sind jetzt Anziehungspunkte für die Gartenvögel. Stellen Sie ein Futterhäuschen auf und bestücken Sie es mit gutem Fett- (in Fett getränkte Haferflocken) und Streufutter (Sonnenblumenkerne, Erdnüsse, Hanf, kein Weizen!). Beides bieten Sie am besten auch in einem hängenden Futtersilo an, außerdem Meisenknödel sowie Apfelschnitze für die Amseln.
- Halten Sie auch die Wasserstelle für die Vögel frei, damit sie nicht unnötig weit umherfliegen müssen, um den Durst zu stillen.
- Wenn Schnee liegt, verraten Spuren die Tiere, die dort umhergeschweift sind: Nachbars Katze, ein Fuchs und jede Menge Vögel in Futterhausnähe.
- Mitten im Winter können Sie nachts auch die Rufe des Waldkauzes hören, der nun schon wieder sein Brutrevier einnimmt.
- Auch Kohl- und Blaumeisen beginnen schon kurz nach der Wintersonnenwende mit den ersten Gesängen.

Tipp für Kinder

Am 4. Dezember ist Barbaratag: Schneiden Sie an diesem Tag mit den Kindern Zweige von Ginster, Hasel, Johannisbeeren, Kirschen, Kornelkirschen, Pflaumen, Quitten, Schlehen oder Weiden und stellen Sie sie in Wasser (täglich erneuern). Bringen Sie sie zunächst in einen kühlen Raum (10 bis 15 °C), später in einen warmen, dann blühen sie zu Weihnachten auf. Manchmal können Sie auf diese Weise auch Apfelbaumzweige zum Blühen bringen.

Adressen, die Ihnen weiterhelfen

Bodenuntersuchungs-institute

Biologisch orientiertes Institut

Deutschland
Agrofor Consulting
Hauptstraße 27 A
35435 Wettenberg

Staatliche Institute

LUFA = Landwirtschaftliche Untersuchungs- und Forschungsanstalt

Sächsische Landesanstalt für Landwirtschaft
Institut für Landwirtschaftliche Untersuchungen/LUFA
Gustav-Kühn-Str. 8
04159 Leipzig (Möckern)

Landesamt für Landwirtschaft, Forsten und Gartenbau Sachsen-Anhalt
Schiepziger Str. 29
06120 Halle

Landesamt für Landwirtschaft, Forsten und Gartenbau Sachsen-Anhalt
Strenzfelder Allee 22
06406 Bernburg

Thüringer Landesanstalt für Landwirtschaft (TLL)
Abteilung Untersuchungswesen für Landwirtschaft, Ernährung und Umwelt/LUFA
Naumburger Str. 98
07743 Jena

Landeslabor Brandenburg
FB U 4 – Landwirtschaftliche Chemie
Templiner Str. 21
14473 Potsdam

LUFA der LMS
Graf-Lippe-Str. 1
18059 Rostock

Institut für angewandte Botanik der Universität Hamburg
Marseiller Str. 7
20355 Hamburg

Landwirtschaftskammer Niedersachsen
Standort: Oldenburg
Jägerstr. 23-27
26121 Oldenburg

Landwirtschaftskammer Niedersachsen
Standort: Hameln
Finkenborner Weg 1 A
31787 Hameln

Landesbetrieb Hessisches Landeslabor
Abt. 6 – Landwirtschaftliches Untersuchungswesen
Am Versuchsfeld 13
34128 Kassel

LUFA Nordrhein-Westfalen
Nevinghoff 40
48147 Münster

Landwirtschaftskammer NRW
Siebengebirgsstr. 200
53229 Bonn

Hochschule Geisenheim University
Von-Lade-Str. 1
65366 Geisenheim

LUFA
Obere Langgasse 40
67346 Speyer

Landesamt für landwirtschaftliche Chemie der Universität Hohenheim
Emil-Wolff-Str. 12
70599 Stuttgart

Landwirtschaftliches Technologiezentrum Augustenberg
Neßlerstr. 23-31
76227 Karlsruhe

BIOANALYTIK Weihenstephan
Alte Akademie 10
85350 Freising

Bayerische Landesanstalt für Landwirtschaft
Vöttinger Str. 38
85354 Freising

Nützlinge

SAUTTER & STEPPER
Rosenstraße 19
72119 Ammerbuch
www.nuetzlinge.de

Gärtnereien mit Wildpflanzensortiment

Kräuter- und Wildpflanzen-gärtnerei Strickler
Lochgasse 1
55232 Alzey-Heimersheim
www.gaertnerei-strickler.de

Benediktinerabtei Maria Laach
Klostergärtnerei
56653 Maria Laach
www.maria-laach.de/gaertnerei_willkommen.php

Staudengärtnerei Gaißmayer
Jungviehweide 3
89257 Illertissen
www.gaissmayer.de

Beratungsstellen

Gartenakademien
Gibt es in acht Bundesländern (Baden-Württemberg, Bayern, Hessen, Mecklenburg-Vorpommern, Niedersachsen, Rheinland-Pfalz, Saarland und Sachsen), sie beraten und informieren unabhängig, kompetent und neutral.
www.gartenakademien.de

Naturgarten e.V.
Verein für naturnahe Garten- und Landschaftsgestaltung
Geschäftsstelle:
Kernerstr. 64
74076 Heilbronn
www.naturgarten.org

Weitere interessante Adressen

Deutsche Gartenbau-Gesellschaft 1822 e.V.
Claire Waldoff-Straße 7
10117 Berlin
www.dgg1822.de

Fachbetriebe für naturnahes Grün
www.naturgarten-fachbetriebe.de

Büro für urbane Pflanzkultur
Wesentlich BGK GmbH & Co. KG
Hauptstr. 15
55494 Erbach
www.wesentlich-gmbh.de
www.natur-findet-garten.de

VERN e.V.
Verein zur Erhaltung und Rekultivierung von Nutzpflanzen in Brandenburg e.V.
Burgstr. 20
16278 Greiffenberg/Uckermark
www.vern.de

Verein zur Erhaltung der Nutzpflanzenvielfalt e.V.
Geschäftsstelle:
Mondrianplatz 11
36041 Fulda
www.nutzpflanzenvielfalt.de

Österreich

Arche Noah
Gesellschaft für die Erhaltung der Kulturpflanzenvielfalt & ihre Entwicklung
Obere Str. 40
A-3553 Schiltern
www.arche-noah.at

Schweiz

ProSpecieRara
Hauptsitz:
Unter Brühlingen 6CH-4052 Basel
www.prospecierara.ch

Stichwortverzeichnis

Seitenzahlen mit * verweisen auf Abbildungen

Über die Autorin

Die Diplom-Biologin **Bärbel Oftring** ist als Autorin, Redakteurin und Herausgeberin tätig. Sie leitet Naturforscher-AGs und hält Lesungen und Seminare, in denen sie große und kleine Naturfreunde für Pflanzen und Tiere begeistert. So liegt ihr auch der Naturgarten sehr am Herzen, der vielen heimischen Arten gerade in heutiger Zeit einen wichtigen Lebensraum bietet. Ihre Bücher wurden in viele Sprachen übersetzt und schon mehrfach mit Preisen ausgezeichnet.

Impressum

Bibliografische Information der Deutschen Nationalbibliothek
Die Deutsche Nationalbibliothek verzeichnet diese Publikation in der Deutschen Nationalbibliografie; detaillierte bibliografische Daten sind im Internet über http://dnb.d-nb.de abrufbar.

BLV Buchverlag GmbH & Co. KG
80797 München

Bildnachweis
Age/Mauritius.com: 28; alex - Fotolia.com: 120r; Alexander Spörr - Fotolia.com: 78; Andrea Wilhelm - Fotolia.com: 89; artburger - Fotolia.com: 61; BeTa-Artworks - Fotolia.com: 98l; blickwinkel/McPHOTO: 107; cuhle-fotos – Fotolia.com: 127; Cusp/Mauritius.com: 132l; Fancy RF/ Mauritius.com: 76; Flora Press/Royal Horticultural Society: 106; Flora Press/The Garden Collection/Kim Taylor: 30; Fockenberg/www.wildbiene.com: 95m; GBA/Nichols: 136l; GBA/Noun: 113; Gucio_55 – Fotolia.com: 135; Hecker: 1, 4ul, 6, 17, 26, 27, 43m, 44, 59o, 62m, 96r, 123, 130l, 132r, 138l; Ingo Bartussek - Fotolia.com: 81; Julius Kramer – Fotolia.com: 129; Lasse Kristensen – Fotolia.com: 80; Lucky Dragon – Fotolia.com: 60; M. Schuppich – Fotolia.com: 94; Maisna – Fotolia.com: 95o; mariusk87 – Fotolia.com: 16; Michael: 32–35, 66–69; Mode images/Mauritius.com: 70/71; Möhrle: 102, 103; Nüsslein-Müller: 7, 77, 126l; Omika – Fotolia.com: 138r; peppi18 – Fotolia.com: 109; Pforr: 15o, 25, 38, 43o, 43u, 48, 72, 119; Reinhard: 4ur, 10, 15m, 15u, 23, 46, 56, 57, 73, 79, 92, 95u, 96l, 97l, 112, 115, 122, 128l; Rogers: 22; Sandra Thiele – Fotolia.com: 62o; Schissler: 100, 101; seawhisper – Fotolia.com: 137; Strauß: 20, 21, 29, 31, 84o, 87, 104/105, 108, 110, 111, 114, 126r, 131, 134, 136r, 139; Szilagyi Annamaria – Fotolia.com: 18; Timmermann: 2/3, 4ol, 4or, 8/9, 11, 12, 13, 19, 24, 36/37, 39, 45, 47, 51, 52, 53, 55, 59m, 59u, 64, 74, 82, 83, 84m, 84u, 88, 91, 117, 118, 120l, 121, 124/125, 128r; TwilightArtPictures – Fotolia.com: 130r; Ulf Dressen – Fotolia.com: 62u; Wildlife/Juniors: 133; www.neudorff.de: 97r; Grafik: Sylvia Bespaluk / Flora / Picture Press: 41

Umschlagkonzeption: Kochan & Partner, München
Umschlagfotos: Vorderseite: Mauritius Images/Garden World Images; Schmetterling: panthermedia; Rückseite: links: Strauß; Mitte: Timmermann; rechts: Schuppich – Fotolia.com

Programmleitung Garten: Dr. Thomas Hagen
Lektorat: Ute Bauer
Herstellung: Ruth Bost
Satz und Layout: Uhl + Massopust GmbH, Aalen

Gedruckt auf chlorfrei gebleichtem Papier

Printed in Germany
ISBN 978-3-8354-1084-8

Hinweis
Das vorliegende Buch wurde sorgfältig erarbeitet. Dennoch erfolgen alle Angaben ohne Gewähr. Weder Autorin noch Verlag können für eventuelle Nachteile oder Schäden, die aus den im Buch vorgestellten Informationen resultieren, eine Haftung übernehmen.